공부플렉스 수학 모의고사 PRE 수능 1회 문제지

수학 영역

홀수형

성명 □□□□ 수험 번호 □□□□□ — □□□□

○ 문제지의 해당란에 성명과 수험 번호를 정확히 쓰시오.

○ 답안지의 필적 확인란에 다음의 문구를 정자로 기재하시오.

주황빛 치맛자락의 향기

○ 답안지의 해당란에 성명과 수험 번호를 쓰고, 또 수험 번호와 답을 정확히 표시하시오.

○ 단답형 답의 숫자에 '0'이 포함되면 그 '0'도 답란에 반드시 표시하시오.

○ 문항에 따라 배점이 다르니, 각 물음의 끝에 표시된 배점을 참고하시오. 배점은 2점, 3점 또는 4점입니다.

○ 계산은 문제지의 여백을 활용하시오.

※ 공통 과목 및 자신이 선택한 과목의 문제지를 확인하고, 답을 정확히 표시하시오.

※ 시험이 시작되기 전까지 표지를 넘기지 마시오.

㎑ 공부플렉스

제2교시

수학 영역

홀수형

5지선다형

1. $\sqrt[3]{4} \times \sqrt[3]{16}$ 의 값은? [2점]

① $\sqrt[3]{2^4}$　　② 4　　③ $\sqrt[3]{2^8}$　　④ $\sqrt[3]{2^{10}}$　　⑤ 16

2. $\displaystyle\lim_{x \to 2} \frac{(x-2)(3x+4)}{x^2 - 2x}$ 의 값은? [2점]

① 5　　② 6　　③ 7　　④ 8　　⑤ 9

3. 함수 $f(x) = x^3 - ax^2 + 36x$ 는 $x = 6$ 에서 극소이고 $x = b$ 에서 극대일 때, $a+b$ 의 값은? [3점]

① 11　　② 12　　③ 13　　④ 14　　⑤ 15

4. 함수 $f(x)$가 상수 a와 모든 실수 x에 대하여

$$f'(x) = 4x^3 - ax + 3$$

를 만족시킨다. $f(0) = f(2) = 1$일 때, $f(4)$의 값은? [3점]

① 181　　② 182　　③ 183　　④ 184　　⑤ 185

5. 원점 O를 지나고 x 축의 양의 방향과 이루는 각의 크기가 $\theta\left(0<\theta<\dfrac{\pi}{2}\right)$인 직선이 점 $A(3\cos\theta,\ 2)$를 지날 때, 선분 OA의 길이는? [3점]

① $\sqrt{7}$ ② $\sqrt{8}$ ③ 3 ④ $\sqrt{10}$ ⑤ $\sqrt{11}$

6. 첫째항이 양수인 등비수열 $\{a_n\}$이

$$a_4 - a_1 = 38,\quad \sum_{n=1}^{3} a_n = 76$$

을 만족시킬 때, a_5의 값은? [3점]

① 81 ② 72 ③ 64 ④ 58 ⑤ 54

7. 다항함수 $f(x)$에 대하여

$$\lim_{x\to 4}\frac{f(x)+5}{\sqrt{x}-2}=9$$

일 때, $f(4)+4f'(4)$의 값은? [3점]

① -4 ② -2 ③ 0 ④ 2 ⑤ 4

8. 1보다 큰 세 실수 a, b, c가 다음 조건을 만족시킨다.

> (가) $\sqrt[4]{a^2 b}$ 는 b^2의 세제곱근이다.
>
> (나) $\log_a(bc^3) + \log_b a^2 = \dfrac{14}{3}$

$\log_{ac} bc$의 값은? [3점]

① 1　　② $\dfrac{9}{8}$　　③ $\dfrac{5}{4}$　　④ $\dfrac{11}{8}$　　⑤ $\dfrac{3}{2}$

9. 함수 $f(x) = 3x^2 - 12x - 27$에 대하여

$$\int_{-3}^{a} f(x)\,dx - \int_{-1}^{0} f(x)\,dx = \int_{-3}^{-1} f(x)\,dx$$

일 때, 양수 a의 값은? [4점]

① 8　　② 9　　③ 10　　④ 11　　⑤ 12

10. $n \geq 2$인 자연수 n에 대하여 두 곡선 $y = n^x$, $y = n^{-x+1} - 4$이 만나는 점이 두 직선 $y = 2$, $y = 3$ 사이에 있도록 하는 모든 자연수 n의 값의 합은? [4점]

① 132　　② 134　　③ 136　　④ 138　　⑤ 140

11. 수직선 위를 움직이는 점 P의 시각 t $(t \geq 0)$에서의 위치가

$$f(t) = -t^3 + at^2 + bt - 3$$

이고 점 P는 시각 $t=2$, $t=k$ $(k>2)$에서 운동방향을 바꾼다. 시각 $t=0$, $t=k$에서 점 P의 위치가 같을 때, $\dfrac{b}{a}$의 값은? (단, a, b는 상수이다.) [4점]

① -1　　② -2　　③ -3　　④ -4　　⑤ -5

12. 모든 항이 정수인 수열 $\{a_n\}$이 모든 자연수 n에 대하여

$$a_{n+1} = \begin{cases} 2a_n - 4 & (a_n > 0) \\ a_n + 3 & (a_n \leq 0) \end{cases}$$

을 만족시킨다. $a_6 + a_8 = -2$일 때, $\displaystyle\sum_{n=1}^{m} a_n = 2$를 만족시키는 모든 자연수 m의 값의 합은? [4점]

① 97　　② 99　　③ 101　　④ 103　　⑤ 105

13. 최고차항의 계수가 1인 삼차함수 $f(x)$가 $f'(0)=f'(4)=-2$, $f(2)=0$을 만족시킨다. 점 P$(6,\ f(6))$에서 y축에 내린 수선의 발을 H라 할 때, 선분 PH가 곡선 $y=f(x)$와 만나는 점 중 P가 아닌 점을 Q라 하자. 곡선 $y=f(x)$와 y축 및 선분 QH로 둘러싸인 부분의 넓이를 A, 곡선 $y=f(x)$와 선분 PQ로 둘러싸인 부분의 넓이를 B라 할 때, $B-A$의 값은? [4점]

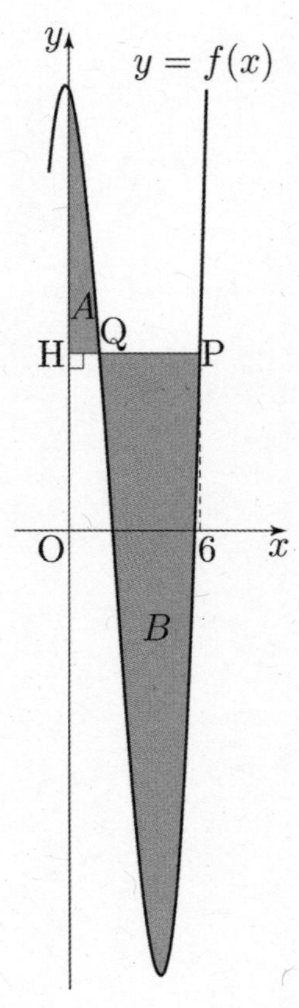

① 72　　② 74　　③ 76　　④ 78　　⑤ 80

14. 그림과 같이 사각형 BCED는 원 C_2에 내접하고 직선 BD와 CE는 점 A에서 만난다. 삼각형 ABC의 외접원을 C_1이라 할 때 원 C_1과 C_2의 반지름의 비는 $2:3$이고

$$\overline{AB}=\overline{BD}=2,\ \overline{BC}=1$$

일 때, $\cos(\angle \text{ABC})$의 값은? [4점]

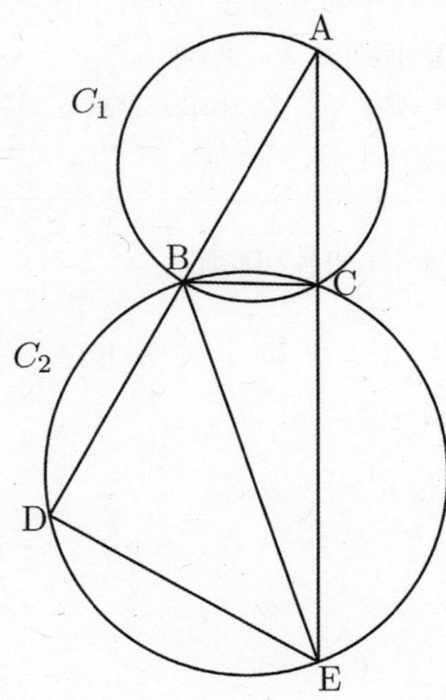

① $\dfrac{6}{13}$　　② $\dfrac{25}{52}$　　③ $\dfrac{1}{2}$　　④ $\dfrac{27}{52}$　　⑤ $\dfrac{7}{13}$

15. 사차함수 $f(x)$에 대하여 함수 $g(x)$를

$$g(x)=\begin{cases} |x-1| & (f(x)\geq 0) \\ f(x) & (f(x)<0) \end{cases}$$

라 하자. 함수 $g(x)$는 다음 조건을 만족시킨다.

> (가) 방정식 $g(x)=k$의 서로 다른 실근의 개수가 1개가 되는
> 　　실수 k의 범위는 $0 \leq k < 3$이다.
> (나) 방정식 $g(x)=k$가 실근을 가지지 않도록 하는 실수 k의
> 　　범위는 $k > 3$이다.

$f'(2)=-2$일 때, $f(0)$의 값은? [4점]

① 13　　　② 14　　　③ 15　　　④ 16　　　⑤ 17

16. 함수 $f(x)=a\sin bx+1$ 의 주기는 π 이고 $f\left(\dfrac{\pi}{12}\right)=-\dfrac{1}{2}$ 일 때,

$f\left(\dfrac{7}{4}\pi\right)$ 의 값을 구하시오. (단, a , b 는 상수이고, $b>0$ 이다.) [3점]

17. 모든 실수 x 에 대하여 다항함수 $f(x)$ 와 함수 $f(x)$ 의 한
부정적분 $F(x)$ 는

$$F(x)=xf(x)+x^3+3x^2$$

을 만족시킨다. $f(2)=0$ 일 때, $f(0)$ 의 값을 구하시오. [3점]

18. 등식 $\displaystyle\sum_{k=1}^{17}(k+1)=\sum_{k=1}^{m-1}(m+6)$ 을 만족시키는 자연수 m 의 값을 구하시오. [3점]

19. 최고차항의 계수가 1이고 $f(0)=0$, $f(2)=6$인 삼차함수 $f(x)$에 대하여 $f(x)$에서 x의 값이 0에서 4까지 변할 때의 평균변화율과 $f'(0)$의 값이 같을 때, $f(1)$의 값을 구하시오. [3점]

20. 두 양수 a, b에 대하여 곡선

$$f(x)=a\cos(b\pi x)\left(-\frac{1}{2b}\le x\le\frac{1}{2b}\right)$$

가 있다. 곡선 $y=f(x)$ 위의 점 A, B에 대하여 선분 AB는 x축과 평행하고 삼각형 OAB가 한 변의 길이가 1인 정삼각형이고, 곡선 $y=f(x)$가 x축과 만나는 점 중 x좌표가 양수인 점을 C라 할 때, $\overline{AC}=\dfrac{\sqrt{13}}{4}$이다. a^2b의 값을 구하시오. (단, 점 A의 x좌표가 점 B의 x좌표보다 크다.) [4점]

21. 실수 t와 상수 k에 대하여 함수

$$f(x)=\begin{cases} t(x-7)+12 & (x \le t) \\ x(x-3)(x-k) & (x > t) \end{cases}$$

일 때, 다음 조건을 만족시키는 상수 a에 대하여 k^a의 값을 구하시오. [4점]

> 극한 $\displaystyle\lim_{x \to t}\dfrac{x(x-t)}{f(x)}$ 는 $t=a$일 때만 존재하지 않는다.

22. 함수

$$f(x)=\begin{cases} |2^x-2| & (x \le 2) \\ \left|4^{-x+3}-\dfrac{k}{2}\right| & (x > 2) \end{cases}$$

가 다음 조건을 만족시키도록 하는 모든 자연수 k의 값을 구하시오. [4점]

> x에 대한 방정식 $f(x)=n$의 서로 다른 실근의 개수를 $g(n)$이라 할 때, $g(0)+g(2) < g(1)+g(3)$이다.

제 2 교시   # 수학 영역(확률과 통계)   홀수형

5지선다형

23. $_4\Pi_3 + {}_4C_3$ 의 값은? [2점]

① 64   ② 66   ③ 68   ④ 70   ⑤ 72

24. 두 사건 A, B 가 서로 독립이고

$$P(A)+P(B)=\frac{11}{12}, \quad \{P(A)\}^2+\{P(B)\}^2=\frac{73}{144}$$

일 때, $P(A\cap B)$ 의 값은? [3점]

① $\frac{1}{6}$ ② $\frac{1}{3}$ ③ $\frac{1}{2}$ ④ $\frac{2}{3}$ ⑤ $\frac{5}{6}$

25. 그림과 같이 일정한 간격으로 6개의 의자가 놓여 있는 원탁이 있다. 선생님 1명과 회장 1명을 포함한 6명이 이 6개의 의자에 앉을 때, 선생님과 회장이 이웃하는 경우의 수는? (단, 회전하여 일치하는 것은 같은 것으로 본다.) [3점]

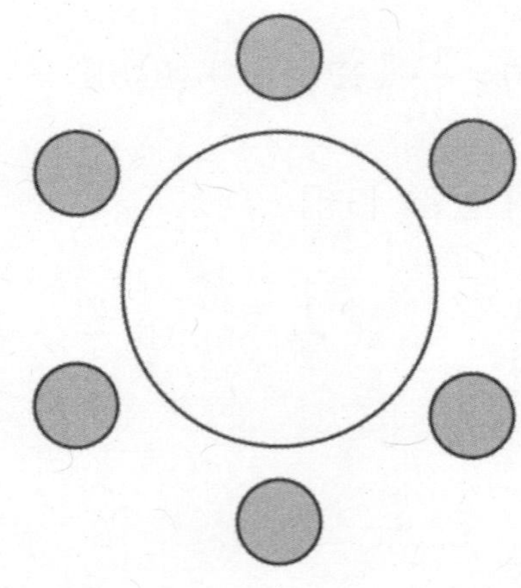

① 36　　② 48　　③ 72　　④ 96　　⑤ 120

26. 6개의 자연수 1, 2, 3, 4, 5, 6 중에서 서로 다른 3개의 수를 임의로 택하여 더할 때, 그 값이 9 이하일 확률은? [3점]

① $\dfrac{3}{20}$　　② $\dfrac{1}{5}$　　③ $\dfrac{1}{4}$　　④ $\dfrac{3}{10}$　　⑤ $\dfrac{7}{20}$

27. 어느 고등학교 학생들의 유연성은 평균이 m인 정규분포를 따른다. 이 고등학교 학생 중 n명을 임의추출하여 유연성을 측정했더니 평균이 11cm 이고, 표준편차가 4cm 이었다.
이 고등학교 학생들의 유연성의 평균 m을 신뢰도 95% 로 추정한 신뢰구간이 $10.5 \leq m \leq 10.5 + x$ 일 때, $n \times x$ 의 값은? (단, $n > 100$ 이고, Z가 표준정규분포를 따르는 확률변수일 때, $P(0 \leq Z \leq 2) = 0.475$ 로 계산한다.) [3점]

① 32   ② 64   ③ 128   ④ 256   ⑤ 512

28. 1 부터 10 까지의 자연수가 하나씩 적혀있는 구슬 10 개와 x가 적혀있는 구슬 1 개를 포함해서 모두 11 개의 구슬이 들어있는 주머니에서 임의로 1 개씩 총 3 개의 구슬을 꺼낼 때 구슬에 적힌 수를 차례로 a, b, c 라 하자. $\dfrac{a+b}{c} < 0$ 일 확률이 $\dfrac{8}{55}$ 일 때 x^2 의 값은? (단, x 는 정수이고, 꺼낸 공은 다시 넣지 않는다.) [4점]

① 1   ② 4   ③ 9   ④ 16   ⑤ 25

단답형

29. 확률변수 X는 평균이 m, 표준편차가 7인 정규분포를 따르고, 다음 조건을 만족시킬 때, m의 값을 오른쪽 표준정규분포표를 이용하여 구하시오. (단, k는 상수이다.) [4점]

z	$P(0 \le Z \le z)$
0.5	0.1915
1.0	0.3413
1.5	0.4332
2.0	0.4772

(가) $P(X \le k) + P(X \le 50 + k) = 1$
(나) $P(X \ge 2k) = 0.0228$

30. 1부터 21까지의 홀수가 한 개씩 적혀 있는 공 11개가 들어있는 주머니가 있다. 이 주머니에서 임의로 공 1개를 꺼내어 공에 적혀 있는 숫자를 확인하고 다시 주머니에 넣는 시행을 4회 반복할 때, 다음 조건을 만족하는 경우의 수를 구하시오. [4점]

(가) 꺼낸 공에 적힌 수의 합이 24이다.
(나) 꺼낸 공에 적힌 수의 최댓값과 최솟값의 차가 6 이상이다.

* 확인 사항

○ 답안지의 해당란에 필요한 내용을 정확히 기입(표기)했는지 확인하시오.

○ 이어서, 「선택과목(미적분)」 문제가 제시되오니, 자신이 선택한 과목인지 확인하시오.

제 2 교시

수학 영역(미적분)

홀수형

5지선다형

23. $\lim\limits_{x \to 0} \dfrac{e^{5x} - e^{x}}{\ln(x+1)}$ 의 값은? [2점]

① 1 　② 2 　③ 3 　④ 4 　⑤ 5

24. 수열 $\{a_n\}$ 이 모든 자연수 n 에 대하여

$$\frac{n-4}{3} < a_n < \frac{n^2 + 2}{3n - 1}$$

를 만족시킬 때, $\lim\limits_{n \to \infty} \dfrac{3a_n}{2n-1}$ 의 값은? [3점]

① $\dfrac{1}{4}$ 　② $\dfrac{1}{2}$ 　③ $\dfrac{3}{4}$ 　④ 1 　⑤ $\dfrac{5}{4}$

25. 함수 $f(x) = \dfrac{1}{2\sqrt{x}}$ 에 대하여 $\displaystyle\lim_{n\to\infty} \dfrac{1}{2n}\sum_{k=1}^{n} f\left(1 + \dfrac{3k}{n}\right)$ 의 값은? [3점]

① $\dfrac{1}{6}$　　② $\dfrac{1}{3}$　　③ $\dfrac{1}{2}$　　④ $\dfrac{2}{3}$　　⑤ $\dfrac{5}{6}$

26. $0 \le x \le \dfrac{\pi}{2}$, $x \ne \dfrac{\pi}{4}$ 에서 방정식

$$\tan\left(x + \dfrac{\pi}{4}\right) \times \tan x = \dfrac{3}{2}$$

의 해를 α 라 할 때, $2\tan\alpha$ 의 값은? [3점]

① 1　　② 2　　③ 3　　④ 4　　⑤ 5

27. 도함수가 연속인 함수 $f(x)$가 다음 조건을 만족시킨다.

> (가) $f'(x) = \dfrac{1}{e^x}$
>
> (나) $\displaystyle\int_{e}^{e^2} f(\ln x)\,dx = 4e^2 - 1 - ef(1)$

$f(2)$의 값은? [3점]

① 1　　　② 2　　　③ 3　　　④ 4　　　⑤ 5

28. 함수 $f(x) = k(x-1)^3 + x$ (단, $k > 0$)과 실수 t에 대하여 방정식 $f(x) - tx = 0$의 가장 작은 실근을 $g(t)$라 하자. 모든 실수 t에 대하여

$$\lim_{x \to 0} |g(t+x) - g(t-x)| = \lim_{x \to 0} \left| \frac{1}{g'(t+x)} - \frac{1}{g'(t-x)} \right|$$

일 때, $f(7)$의 값은? [4점]

① 197　　　② 198　　　③ 199　　　④ 200　　　⑤ 201

단답형

29. 첫째항과 공비가 각각 0이 아니며 $\displaystyle\sum_{n=1}^{\infty} a_n$이 수렴하는

등비수열 $\{a_n\}$에 대하여

$$\frac{5}{19} \times \left(\sum_{n=1}^{\infty} |a_n|\right) \times \left(\sum_{n=1}^{\infty} a_{2n}\right) = a_1 \times \left(\sum_{n=1}^{\infty} |a_{3n-1}|\right)$$

$$\left(\sum_{n=1}^{\infty} a_n\right)^2 = 5 \times \sum_{n=1}^{\infty} a_{2n} - 1$$

이 성립한다. $9(a_1 + a_2)$의 값을 구하시오. [4점]

30. 함수 $f(x)$는 $t \neq 0$인 모든 실수 t에 대하여 다음 조건을 만족시킨다.

> 곡선 $y = |e^{2x} - te^x + t|$가 $x = \ln k$에서 극값을 가지게 하는 모든 양수 k의 합은 $f(t)$이다.

함수 $f(x)$는 $x = a$ (단, $a > 0$)에서만 불연속일 때,
$\displaystyle\int_{-a}^{a} (x-2)f(x)dx = p + q\sqrt{2}$이다. $9(p-q)$의 값을 구하시오.
(단, p와 q는 유리수이다.) [4점]

---

* 확인 사항

○ 답안지의 해당란에 필요한 내용을 정확히 기입(표기)했는지 확인하시오.

○ 이어서, 「**선택과목(기하)**」 문제가 제시되오니, 자신이 선택한 과목인지 확인하시오.

제2교시
수학 영역(기하)
홀수형

5지선다형

23. 좌표공간의 두 점 $A(a, b, -1)$, $B(3, 0, 5)$에 대하여 선분 AB를 $2:1$로 내분하는 점의 좌표가 $(5, 2, 3)$일 때, a의 값은? [2점]

① 5 　② 6 　③ 7 　④ 8 　⑤ 9

24. 초점이 F인 포물선 $y^2 = 4x$ 위의 점 P에서 y축에 내린 수선의 발을 H라 하자. $\overline{PF} = 10$일 때, 삼각형 PHF의 넓이는? [3점]

① 27 　② 28 　③ 29 　④ 30 　⑤ 31

25. 좌표평면 위의 점 $(6, 8)$을 지나고 $\vec{n} = (1, -2)$에 수직인 직선과 x축, y축으로 둘러싸인 도형의 넓이는? [3점]

① 21　　② 22　　③ 23　　④ 24　　⑤ 25

26. 평면 α 위의 서로 다른 세 점 A, B, C와 평면 밖의 한 점 P가 다음 조건을 만족시킨다.

(가) 선분 CP는 두 선분 AB, BC와 모두 수직이다.

(나) $\overline{AB} = 3$, $\overline{PC} = 2\overline{AC}$

(다) $\angle BAC + \angle BCA = 90°$

삼각형 ABC의 외접원의 지름의 길이가 5일 때, 사면체 ABCP의 부피는? [3점]

① 10　　② 20　　③ $20\sqrt{2}$　　④ 30　　⑤ 40

27. 좌표평면에 직선 $y=\sqrt{3}\,x$ 와 점 $A(1,\ 0)$ 이 있다.

직선 $y=\sqrt{3}\,x$ 위의 원점이 아닌 서로 다른 두 점 P, R과 x축 위의 점 Q가 다음 조건을 만족시킨다.

> (가) $|\overrightarrow{OA}-\overrightarrow{OP}|=1$
>
> (나) $\overrightarrow{OQ}=3\overrightarrow{OA}$
>
> (다) $\overrightarrow{OP}-\overrightarrow{OA}=\dfrac{1}{3}\left(\overrightarrow{OR}-\overrightarrow{OQ}\right)$

점 R의 좌표가 $(a,\ b)$ 일 때, a^2+b^2 의 값은?
(단, O 는 원점이다.) [3점]

① 9　　　② 8　　　③ 7　　　④ 6　　　⑤ 5

28. 그림과 같이 두 점 $F,\ F'$ 을 초점으로 하는 타원 $\dfrac{x^2}{36}+\dfrac{y^2}{a^2}=1$ 이 있다. 점 F 를 중심으로 하고 반지름의 길이가 1인 원에 대하여 점 F' 을 지나는 직선이 이 원에 접한다. 이 직선과 원이 만나는 점을 A , 이 직선과 타원이 만나는 점을 B라 할 때, $\angle AFB=\dfrac{\pi}{3}$ 이다. a^2 의 값은? [4점]

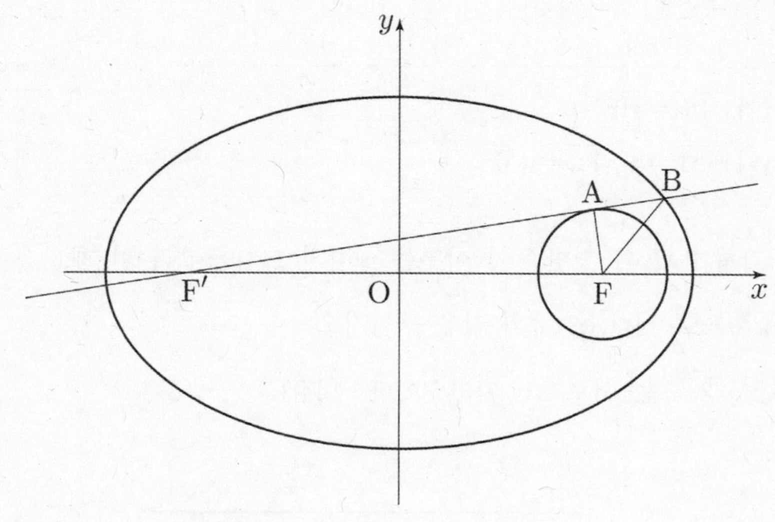

① $8+5\sqrt{3}$　　　② $9+5\sqrt{3}$　　　③ $10+5\sqrt{3}$

④ $11+5\sqrt{3}$　　　⑤ $12+5\sqrt{3}$

단답형

29. 그림과 같이 직선 l을 교선으로 하고 이루는 각의 크기가 $\dfrac{\pi}{4}$ 인 두 평면 α, β가 있다. 평면 α 위의 점 A 와 평면 β 위의 점 B 에서 직선 l 위에 내린 수선의 발을 각각 P, Q 라 하고, 점 A 에서 평면 β 위에 내린 수선의 발을 H 라 할 때, 다음 조건을 만족시킨다.

> (가) $\overline{PH}=\overline{HB}$
> (나) $\overline{AB}=4$, $\overline{PQ}=\sqrt{6}$

삼각형 PAB 와 평면 β가 이루는 예각의 크기를 θ 라 할 때, $\cos^2\theta=\dfrac{q}{p}$ 이다. $p+q$ 의 값을 구하시오.
(단, p 와 q 는 서로소인 자연수이다.) [4점]

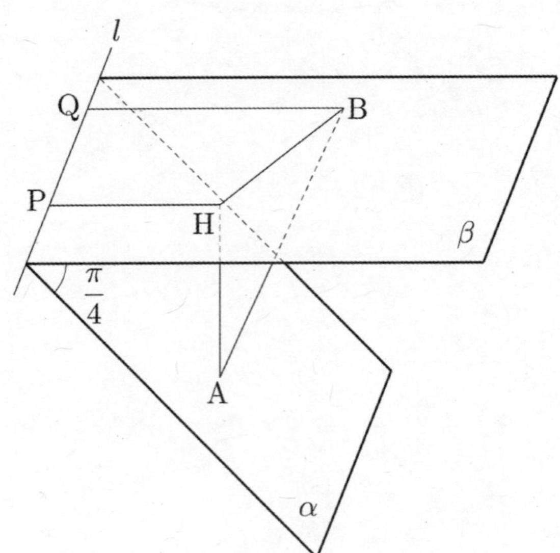

30. 그림과 같이 $\overline{AB}=1$, $\overline{AD}=2$ 인 직사각형 ABCD 가 있다. 선분 BC 를 삼등분하는 점 중 점 B 에 가까운 점을 E, 중심이 O 이고 반지름의 길이가 1 인 원을 C 라 할 때, 원 C 는 점 E 에서 선분 BC 와 접한다. 원 C 위의 점 P 에 대하여 다음 조건을 만족시킬 때, $\overrightarrow{AC}\cdot\overrightarrow{BP}=a+b\sqrt{2}$ 이다. $90(a+b)$ 의 값을 구하시오. (단, a 와 b 는 유리수이고, 선분 AD 와 원 C 는 만나지 않는다.) [4점]

> (가) $\overrightarrow{PA}\cdot\overrightarrow{PB}=\overrightarrow{PC}\cdot\overrightarrow{PD}$
> (나) $\overrightarrow{AP}\cdot\overrightarrow{CP}\geq 1$

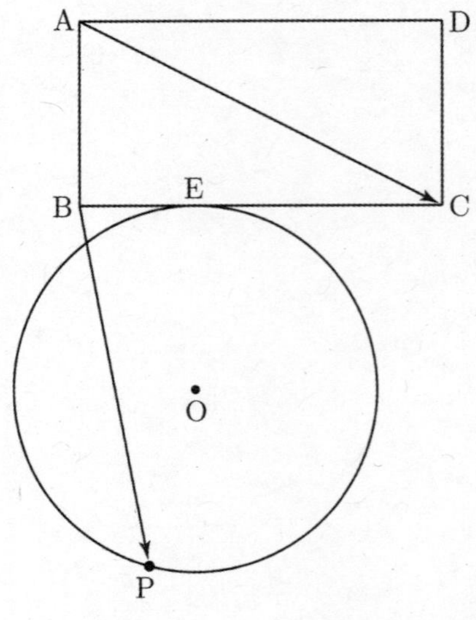

공부플렉스 수학 모의고사 PRE 수능 2회 문제지

수학 영역

홀수형

성명 ☐   수험 번호 ☐☐☐☐☐ — ☐☐☐☐

○ 문제지의 해당란에 성명과 수험 번호를 정확히 쓰시오.

○ 답안지의 필적 확인란에 다음의 문구를 정자로 기재하시오.

뚝뚝 흘리는 땀으로 꽃피웠던 여름

○ 답안지의 해당란에 성명과 수험 번호를 쓰고, 또 수험 번호와 답을 정확히 표시하시오.

○ 단답형 답의 숫자에 '0'이 포함되면 그 '0'도 답란에 반드시 표시하시오.

○ 문항에 따라 배점이 다르니, 각 물음의 끝에 표시된 배점을 참고하시오. 배점은 2점, 3점 또는 4점입니다.

○ 계산은 문제지의 여백을 활용하시오.

※ 공통 과목 및 자신이 선택한 과목의 문제지를 확인하고, 답을 정확히 표시하시오.

※ 시험이 시작되기 전까지 표지를 넘기지 마시오.

공부플렉스

수학 영역

제 2 교시

홀수형

5지선다형

1. $27^{\frac{1}{3}} \times 4^{\frac{1}{2}} \div 9^{\frac{1}{2}}$ 의 값은? [2점]

① 1　　② 2　　③ 3　　④ 4　　⑤ 5

2. $\lim\limits_{x \to \infty} \dfrac{4x^2 - 3x - 1}{x^2 - 1}$ 의 값은? [2점]

① 1　　② 2　　③ 3　　④ 4　　⑤ 5

3. 삼차함수 $f(x) = 2x^3 + 6x^2 + 10x + a$ 의 그래프 위의 점 $(b,\ 5)$ 에서의 접선의 기울기가 4 일 때, $a+b$ 의 값은? (단, a, b 는 상수이다.) [3점]

① 10　　② 11　　③ 12　　④ 13　　⑤ 14

4. 함수 $f(x) = 2\cos(\pi + x) + \cos^2\left(\dfrac{\pi}{2} + x\right)$ 의 최댓값은? [3점]

① -2　　② -1　　③ 0　　④ 1　　⑤ 2

5. 모든 항이 양수인 등비수열 $\{a_n\}$ 에 대하여

$$\frac{a_5}{a_3} = \frac{1}{9}, \quad \frac{a_5 - 1}{a_4} = \frac{1}{9}$$

일 때, a_6 의 값은? [3점]

① $\dfrac{1}{8}$ ② $\dfrac{1}{2}$ ③ 2 ④ 8 ⑤ 32

6. 부등식 $3^{x+2} + 3^{-x+2} - 82 < 0$ 을 만족시키는 정수 x 의 개수는? [3점]

① 3 ② 4 ③ 5 ④ 6 ⑤ 7

7. 두 곡선 $y = x^4$, $y = 4x^3 - 4x^2$ 으로 둘러싸인 부분의 넓이는? [3점]

① $\dfrac{4}{5}$ ② $\dfrac{13}{15}$ ③ $\dfrac{14}{15}$ ④ 1 ⑤ $\dfrac{16}{15}$

8. 최고차항의 계수가 2 인 이차함수 $y=f(x)$ 의 그래프가 직선 $y=x-2$ 와 만나는 두 점의 x 좌표는 2, 3 이다.

$$\lim_{x \to 2} \frac{f(x)}{f\left(x+\dfrac{1}{2}\right)}$$ 의 값은? [3점]

① -2　　② -1　　③ 0　　④ 1　　⑤ 2

9. 두 함수

$$f(x)=x^3+x^2-3x-k, \ g(x)=2x^2+3x-15$$

에 대하여 방정식

$$f(x)=2g(x)$$

가 닫힌구간 $[-1, \ 4]$에서 오직 한 개의 실근을 갖도록 하는 모든 정수 k의 개수는? [4점]

① 24　　② 25　　③ 26　　④ 27　　⑤ 28

10. 수열 $\{a_n\}$이 모든 자연수 n에 대하여

$$\sum_{k=1}^{n}(k+1)a_k = n \times 2^n + 6$$

을 만족시킬 때, $\displaystyle\sum_{n=1}^{8}(\log_2 a_n)^2$의 값은? [4점]

① 140　　② 144　　③ 148　　④ 152　　⑤ 156

11. 자연수 n에 대해서 부등식

$$2\cos^2\frac{\pi}{2n}x \geq -3\sin\frac{\pi}{2n}x + 3$$

을 만족시키는 n 이하의 자연수 x의 개수가 7 이 되도록 하는 모든 자연수 n의 합은? [4점]

① 18   ② 19   ③ 20   ④ 21   ⑤ 22

12. 실수 t 에 대하여 최고차항의 계수가 1 인 삼차함수 $f(x)$ 의 $x=t$ 에서 $x=t+3$ 까지의 평균변화율을 $g(t)$ 라 하자. 함수 $g(t)$ 가 $t=2$ 일 때 최솟값 3 을 가지며 $f(3)=2$ 일 때, $f(2)$ 의 값은? [4점]

① -10 ② -6 ③ -2 ④ 2   ⑤ 6

13. 공차가 d $(d \leq -1)$인 등차수열 $\{a_n\}$에 대하여 다음 조건을 만족시키는 $|a_{12}|$의 값은? [4점]

$$（가）\sum_{k=1}^{4}|a_k-2|=\sum_{k=1}^{4}a_k+16$$

$$（나）\sum_{k=1}^{3}|a_k-2|=\sum_{k=1}^{3}|a_k|$$

① 27　　② 29　　③ 31　　④ 33　　⑤ 35

14. 그림과 같이 $\overline{AC}=6$인 삼각형 ABC에 대하여 $\cos(\angle DBC)=\cos(\angle DCB)=\dfrac{\sqrt{6}}{4}$을 만족시키는 점 D가 선분 AB 위에 있다. 삼각형 BCD의 외접원을 O라 할 때, 직선 AC는 원 O에 접하고, $2\sin(\angle BDC)=3\sin(\angle CBE)$를 만족시키고 삼각형 ABC의 외부에 존재하는 점 E가 원 O 위에 있다. 선분 BE의 길이는? [4점]

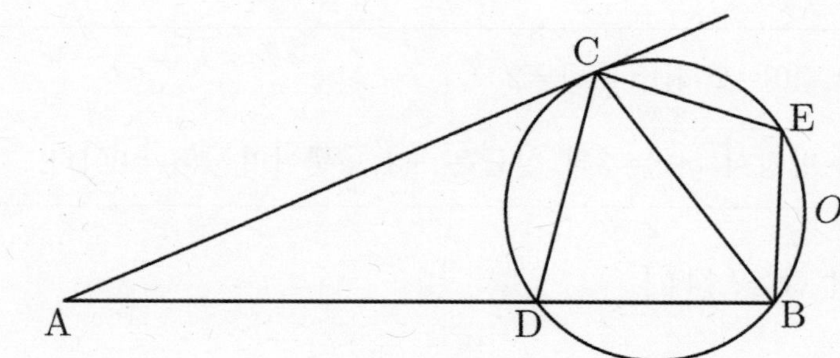

① $\dfrac{-2+\sqrt{20}}{2}$　　② $\dfrac{-2+\sqrt{21}}{2}$　　③ $\dfrac{-2+\sqrt{22}}{2}$

④ $\dfrac{-1+\sqrt{21}}{2}$　　⑤ $\dfrac{-1+\sqrt{22}}{2}$

15. 최고차항의 계수가 양수인 삼차함수 $f(x)$와 실수 k에 대하여

$$\int_{k}^{f(x)} f(t)\,dt = 0$$

을 만족하는 서로 다른 실수 x의 개수를 $g(k)$라 하자.
$a > -1$인 실수 a에 대하여 두 함수 $f(x)$와 $g(x)$는 다음 조건을 만족시킨다.

> (가) $g(0) = 2$, $\displaystyle\lim_{x \to 0} g(x) \neq 2$
>
> (나) 방정식 $g(x) = 3$의 실근은 -1, a뿐이며 $f(a) = 0$이다.

$f(5)$의 값은? [4점]

① 9   ② 11   ③ 13   ④ 15   ⑤ 17

16. 그림과 같이 세 상수 a, b, c 에 대하여 곡선

$y = a \sin(bx - c)$ 에 대하여 $\dfrac{a \times b}{c}\pi$ 의 값을 구하시오.

(단, $a > 0$, $b > 0$, $0 < c < 2\pi$) [3점]

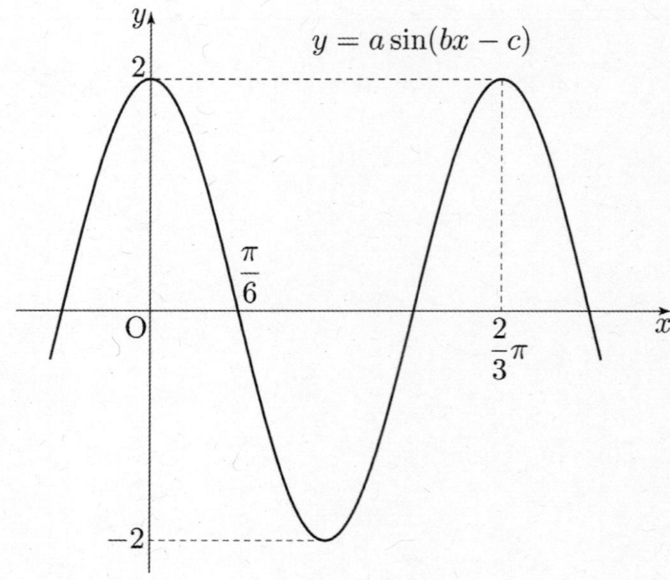

17. 다항함수 $f(x)$ 가

$$\int_{1}^{x} \{f'(t) - 2t\}\,dt = x^3 - ax^2 - 3x + a + b$$

를 만족시킨다. $f'(2) = -3$ 일 때, 두 상수 a, b 에 대하여 3^{a-b} 의 값을 구하시오. [3점]

18. 함수 $f(x) = x^3 + \dfrac{3}{2}x^2 - 6x + k$ (단, k는 상수)에 대하여

함수 $f(x)$ 의 극댓값 M, 극솟값 m 라 할 때, $M+m=0$ 이다. $|4 \times k|$ 의 값을 구하시오. [3점]

19. 첫째항이 -2 인 수열 $\{a_n\}$ 과 모든 자연수 n 에 대하여

$$a_{n+1} = 3 - a_n^{\,2}$$

일 때, $\displaystyle\sum_{n=1}^{20} 2a_n$ 의 값을 구하시오. [3점]

20. 함수 $f(x) = 24x^2 + 6x + 1$에 대하여 다음 조건을 만족시키는 자연수 k의 최댓값을 구하시오. [4점]

$a \le b$인 임의의 두 실수 a, b에 대하여
$$\int_a^b f(t)\,dt \ge k(b-a)\left(a^2 + ab + b^2\right)$$을 만족시킨다.

21. 다항함수 $f(x)$는 다음 조건을 만족시킨다.

> (가) $\displaystyle\lim_{x\to\infty}\dfrac{x^3}{f(x)\times f\!\left(\dfrac{1}{x}\right)}=-\dfrac{1}{2}$
>
> (나) $\displaystyle\lim_{x\to 0}\dfrac{\{f(x+4)\}^k}{f(x)+2x}$ 가 음의 무한대로 발산하게 하는 자연수 k는 1뿐이다.

$\displaystyle\lim_{x\to 0}\dfrac{f(x+4)}{x^p}=q$일 때, $p+q$의 값을 구하시오.

(단 p은 자연수이고 q는 0이 아닌 실수다.) [4점]

22. 두 자연수 m, n과 실수 t에 대하여 x에 대한 방정식

$$\log_3(x+2n)=t+m, \ \log_9(x+n)=t$$

의 실근을 각각 $f(t)$, $g(t)$라 하자. 방정식 $f(t)=g(t)$를 만족시키는 실수 t의 개수를 a_n이라 할 때, a_n는 다음 조건을 만족시킨다.

> 임의의 자연수 q에 대하여 $\displaystyle\sum_{n=1}^{p}a_n \ge \sum_{n=1}^{p+q}a_n$를 만족시키는 자연수 p에 대하여 $100 < \displaystyle\sum_{n=1}^{p}a_n < 900$이다.

상수 m에 대하여 $\displaystyle\sum_{n=1}^{p}a_n+m$의 값을 구하시오. [4점]

> * 확인 사항
>
> ○ 답안지의 해당란에 필요한 내용을 정확히 기입(표기)했는지 확인하시오.
>
> ○ 이어서, 「**선택과목(확률과 통계)**」 문제가 제시되오니, 자신이 선택한 과목인지 확인하시오.

제 2 교시

수학 영역(확률과 통계)

홀수형

5지선다형

23. 두 사건 A, B는 서로 배반이고

$$P(A \cup B) - P(A \cap B) = \frac{2}{3}, \ P(A) = P(B)$$

일 때, $P(A)$ 의 값은? [2점]

① $\frac{1}{2}$ ② $\frac{1}{3}$ ③ $\frac{1}{4}$ ④ $\frac{1}{5}$ ⑤ $\frac{1}{6}$

24. 철수가 피자, 치킨, 족발, 곱창, 닭발을 하나씩 먹을 때, 철수가 치킨을 피자보다 먼저 먹는 경우의 수는? [3점]

① 48   ② 52   ③ 56   ④ 60   ⑤ 64

25. 원탁과 서로 같은 의자 4개가 있고 학생 6명 중에서 4명을 뽑아 이 원탁 주변 의자에 앉히려고 할 때, 원형으로 배열된 4개의 의자에 1명씩 모두 앉는 방법의 수는? (단, 의자는 일정한 간격으로 놓여 있고, 회전하여 일치하는 것은 같은 것으로 본다.) [3점]

① 30   ② 60   ③ 90   ④ 120   ⑤ 150

26. 실수 $p \ (0 < p < 1)$ 에 대하여 확률변수 X 의 확률질량함수가

$$P(X=k) = {}_{36}C_k \, p^{36-k}(1-p)^k \quad (k=0,\ 1,\ 2,\ \cdots,\ 36)$$

가 $E(pX) = V\left(\dfrac{6}{5}pX\right)$ 를 만족시킬 때, $E(X)$ 의 값은? [3점]

① 3   ② 4   ③ 5   ④ 6   ⑤ 7

27. 각 면에 1, 2, 3, 4 의 숫자가 하나씩 적혀 있는 정사면체 모양의 상자를 던져 밑면에 적힌 숫자를 읽기로 한다. 이 상자를 3번 던져서 나오는 눈의 합이 6 일 확률은? [3점]

① $\dfrac{5}{32}$ ② $\dfrac{3}{16}$ ③ $\dfrac{7}{32}$ ④ $\dfrac{1}{4}$ ⑤ $\dfrac{9}{32}$

28. 상수 $\alpha\,(\alpha>0)$와 정규분포를 따르는 두 확률변수 X, Y의 확률밀도함수를 각각 $f(x)$, $g(x)$ 라 할 때, 다음 조건을 만족시킨다.

(가) $X-Y=12$
(나) $f(22)=g(2)$
(다) $\mathrm{P}\left(2\alpha \leq X \leq \dfrac{5}{2}\alpha\right)=\mathrm{P}\left(\dfrac{7}{2}\alpha \leq X \leq 4\alpha\right)$

6 보다 큰 실수 k 에 대하여 $\mathrm{P}(6 \leq X \leq k) \geq \mathrm{P}(6 \leq Y \leq k)$ 를 만족시키는 실수 k 의 최솟값을 β 라 할 때, $\alpha \times \beta$ 의 값은? [4점]

① 108 ② 112 ③ 116 ④ 120 ⑤ 124

단답형

29. 1부터 5까지 자연수가 하나씩 적힌 공이 들어있는
주머니에서 한 개의 공을 꺼내어 숫자를 확인하고 다시 넣는
시행을 3번 시행할 때 각각 나온 수를 차례로 a, b, c라 할 때
$2^{|a-b|+1} \times 4^{|b-c|-1} \times 8^{|c-a|-1} \geq 1$ 일 확률은 $\dfrac{q}{p}$ 이다. $p+q$ 의
값을 구하시오. (단, p 와 q 는 서로소인 자연수이다.) [4점]

30. 0, 1, 2, 3이 하나씩 적힌 4개의 공이 들어 있는 상자에서
공을 1개 꺼내 적혀 있는 숫자를 확인한 후 다시 상자에 넣는
시행을 5번 할 때, i번째 숫자를 a_i $(i = 1,\ 2,\ 3,\ 4,\ 5)$라
하자. $a_1 = a_2 + 1$ 이고 부등식

$$a_1 - a_2 \leq a_3 + a_4 + a_5 \leq a_1 + a_2$$

을 만족시킬 때, 다섯 자리 자연수 $\displaystyle\sum_{n=1}^{5} a_n \times 10^{5-n}$ 의 개수를
구하시오. [4점]

제 2 교시

수학 영역(미적분)

홀수형

5지선다형

23. $\int_0^{\frac{\pi}{4}} \sin 2x\, dx$ 의 값은? [2점]

① $\dfrac{1}{4}$　　② $\dfrac{1}{2}$　　③ $\dfrac{3}{4}$　　④ 1　　⑤ $\dfrac{5}{4}$

24. 두 수열 $\{a_n\}$, $\{b_n\}$ 이 다음 조건을 만족시킨다.

> (가) $\displaystyle\lim_{n\to\infty}(a_n-4)=3$
>
> (나) $\displaystyle\sum_{n=1}^{\infty}(b_n-3)=14$

$\displaystyle\lim_{n\to\infty}(a_n+b_n)$ 의 값은? [3점]

① 10　　② 14　　③ 18　　④ 22　　⑤ 26

25. $\lim\limits_{n\to\infty}\dfrac{2}{n}\sum\limits_{k=1}^{n}\left(e^{\frac{k}{n}}-2\right)$ 의 값은? [3점]

  ① $2e-2$ ② $2e-4$ ③ $2e-6$ ④ $2e-8$ ⑤ $2e-10$

26. 함수 $f(x)=(x^2-2x-1)e^x-kx$ 의 극값이 오직 한 개만 존재할 때, 양수 k 의 최솟값은? [3점]

  ① $\dfrac{6}{e^3}$ ② $\dfrac{4}{e^3}$ ③ $\dfrac{6}{e^2}$ ④ $\dfrac{4}{e^2}$ ⑤ $\dfrac{6}{e}$

27. 함수 $f(x) = \dfrac{x}{2(x^2+1)} + k$ (k는 양의 상수)에 대하여 매개변수 t로 나타내어진 곡선

$$\begin{cases} x = t^2 e^{t^2 f(t)} \\ y = e^{3f(t)} \end{cases}$$

위의 두 점 A, B에서의 접선이 모두 x축과 평행할 때, 직선 AB의 기울기가 $e^2 \times (e + \sqrt{e} + 1)$이다. k의 값은? [3점]

① $\dfrac{5}{4}$　　② $\dfrac{11}{8}$　　③ $\dfrac{3}{2}$　　④ $\dfrac{13}{8}$　　⑤ $\dfrac{7}{4}$

28. 역함수가 존재하는 함수 $f(x)$가 $\{f(x)\}^3 + 6f(x) = x$를 만족시킬 때, $\dfrac{1}{4} \times \displaystyle\int_{7}^{20} \{\{f(x)\}^2 - 2\}\,dx$의 값은? [4점]

① $\dfrac{33}{20}$　　② $\dfrac{17}{10}$　　③ $\dfrac{35}{20}$　　④ $\dfrac{9}{5}$　　⑤ $\dfrac{37}{20}$

단답형

29. 모든 자연수 n에 대하여 $a_{n+2} = -\dfrac{1}{4}a_{n+1}$이고 첫째항이 음의 정수인 수열 $\{a_n\}$이 있다. 모든 자연수 n에 대하여 수열 $\{b_n\}$을

$$b_n = \begin{cases} 0 & (0 < a_n < 10) \\ 1 & (a_n \le 0 \text{ 또는 } a_n \ge 10) \end{cases}$$

라 하자. $a_2 = 10$일 때, $-\displaystyle\sum_{n=1}^{\infty} a_n < \sum_{n=1}^{\infty} a_n b_n < 4 - \sum_{n=1}^{\infty} a_n$을 만족시키는 모든 a_1의 값의 곱을 구하시오. [4점]

30. 두 상수 a, b에 대하여 열린구간 $(0, 2\pi)$에서 정의된 함수

$$f(x) = (\sin x + a)e^{b\cos^2 x} \quad (a, b\text{는 상수})$$

가 있다. 집합 A를

$$A = \{t \,|\, \text{함수 } f(x)\text{가 } x = t\text{에서 극값을 가진다.}\}$$

라 정의할 때 집합 A는 다음을 만족시킨다.

(가) 집합 A의 임의의 서로 다른 두 원소 t_1, t_2에 대하여 $\dfrac{3}{\pi}(t_2 - t_1)$는 정수다.

(나) 함수 $f(x)$가 $x = k$ $(\pi < k < 2\pi)$에서 극댓값 2를 가지게 하는 집합 A의 원소 k가 존재한다.

$25(a + b)$의 값을 구하시오. [4점]

---

* 확인 사항

○ 답안지의 해당란에 필요한 내용을 정확히 기입(표기)했는지 확인 하시오.

○ 이어서, **「선택과목(기하)」** 문제가 제시되오니, 자신이 선택한 과목인지 확인하시오.

수학 영역(기하)

5지선다형

23. 두 벡터 $\vec{a}=(4,\ 1)$, $\vec{b}=(2,\ -3)$ 에 대하여 벡터 $\vec{a}\cdot\vec{b}$ 의 값은? [2점]

① 5　　② 6　　③ 7　　④ 8　　⑤ 9

24. 좌표공간의 점 $A(2,\ 3,\ -1)$ 을 x 축에 대하여 대칭이동한 점을 B 라 하고 점 B 를 yz 평면에 대하여 대칭이동한 점을 C 라 할 때, 선분 AC 의 길이는? [3점]

① $2\sqrt{13}$　　② $2\sqrt{14}$　　③ $2\sqrt{15}$　　④ 8　　⑤ $2\sqrt{17}$

25. 쌍곡선 $\dfrac{x^2}{k^2}-\dfrac{y^2}{36}=-1 \ (k>0)$ 의 두 초점을 각각

$\mathrm{F}(0,\ c),\ \mathrm{F}'(0,\ -c)\ (c>0)$ 이라 하고, 이 쌍곡선 위의 점 P 를 $\angle \mathrm{F'PF}=90^\circ$ 가 되도록 잡는다. 삼각형 PFF' 의 넓이가 32 일 때, k 의 값은? [3점]

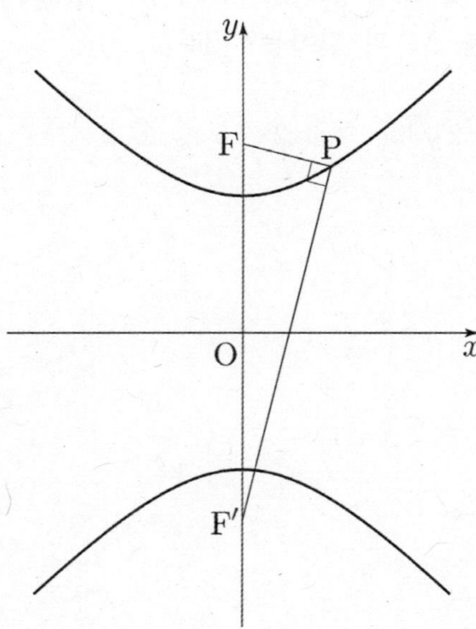

① $\sqrt{26}$ ② $2\sqrt{7}$ ③ $\sqrt{30}$ ④ $4\sqrt{2}$ ⑤ $\sqrt{34}$

26. 좌표공간의 두 점 $\mathrm{A}(2\sqrt{3},\ 2,\ 0)$, $\mathrm{B}(0,\ a,\ b)$ 가 $\overline{\mathrm{OB}}=2$, $\overline{\mathrm{AB}}=2\sqrt{3}$ 이고 평면 OAB 와 zx 평면이 이루는 각의 크기를 θ 라 할 때, $\cos\theta$ 의 값은? (단, O 는 원점이다.) [3점]

① 0 ② $\dfrac{1}{8}$ ③ $\dfrac{1}{4}$ ④ $\dfrac{3}{8}$ ⑤ $\dfrac{1}{2}$

27. 원점이 O 인 좌표평면에 점 A(1, 2) 와 두 점 P, Q 가 다음 조건을 만족시킬 때, $|\overrightarrow{PA}+\overrightarrow{PO}|$ 의 값은? [3점]

(가) $|\overrightarrow{PA}| = |\overrightarrow{QA}| = \sqrt{2}$

(나) $\overrightarrow{OA} = \overrightarrow{PQ}$

① $\dfrac{1}{2}$　　② $\dfrac{\sqrt{2}}{2}$　　③ 1　　④ $\sqrt{2}$　　⑤ $\sqrt{3}$

28. 두 초점이 F , F ′ 인 타원 $\dfrac{x^2}{100}+\dfrac{y^2}{36}=1$ 과 원 $(x-8)^2+y^2=r^2$ 이 만나는 두 점을 각각 P , Q 라 하고 원과 x 축이 만나는 점 중에서 원점에 가까운 점을 A 라 하자. 삼각형 FPF′ 의 넓이가 삼각형 APQ 의 넓이의 4 배일 때, 삼각형 PFA 의 넓이는? [4점]

① 26　　② 28　　③ 30　　④ 32　　⑤ 34

단답형

29. 함수 $y=x^2$ 의 그래프 위의 점 Q 와 함수 $y=x^2-8x+17$ 의 그래프 위의 점 R 와 점 P$(0,\ 1)$ 에 대하여 $|\overrightarrow{PQ}+\overrightarrow{PR}|$ 의 최솟값을 m 일 때, m^2 의 값을 구하시오. [4점]

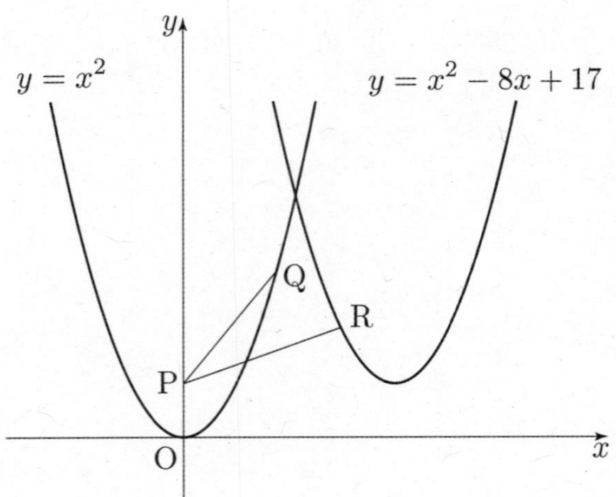

30. 그림과 같이 평면 α 와 두 점 A , B 에서 만나고 반지름의 길이가 2 인 원 C 에 대하여 $\overline{AB}=2$ 이고, 원 C 와 평면 α 가 이루는 예각의 크기는 $\dfrac{\pi}{6}$ 이다. 원 C 의 중심을 O , 선분 AB 의 중점을 M 이라 할 때, 점 P 가 다음 조건을 만족시킨다.

> (가) 직선 PM 과 평면 α 는 서로 수직이다.
> (나) 직선 OB 와 원 C 가 만나는 점을 Q 라 할 때,
>   삼각형 PQA 는 $\overline{PQ}=\overline{PA}$ 인 이등변삼각형이다.

삼각형 PQB 를 포함하는 평면과 평면 α 가 이루는 예각의 크기를 θ 라 할 때, $\cos^2\theta=\dfrac{q}{p}$ 이다. $p+q$ 의 값을 구하시오. (단, p 와 q 는 서로소인 자연수이다.) [4점]

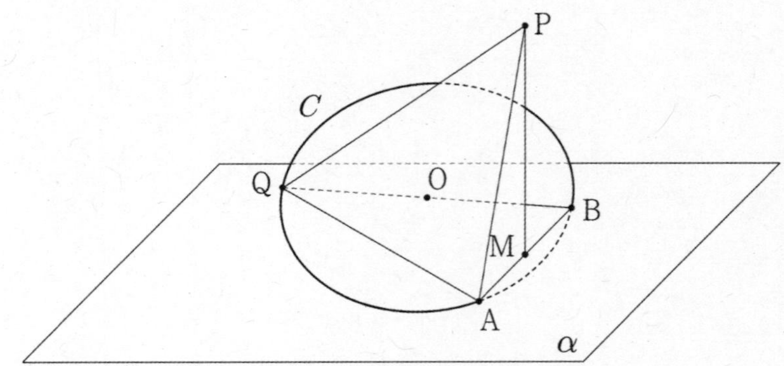

공부플렉스 수학 모의고사 PRE 수능 3회 문제지

수학 영역

홀수형

| 성명 | | 수험 번호 | | | | | — | | | | |

○ 문제지의 해당란에 성명과 수험 번호를 정확히 쓰시오.

○ 답안지의 필적 확인란에 다음의 문구를 정자로 기재하시오.

짧은 인생 긴 하루

○ 답안지의 해당란에 성명과 수험 번호를 쓰고, 또 수험 번호와 답을 정확히 표시하시오.

○ 단답형 답의 숫자에 '0'이 포함되면 그 '0'도 답란에 반드시 표시하시오.

○ 문항에 따라 배점이 다르니, 각 물음의 끝에 표시된 배점을 참고하시오. 배점은 2점, 3점 또는 4점입니다.

○ 계산은 문제지의 여백을 활용하시오.

※ 공통 과목 및 자신이 선택한 과목의 문제지를 확인하고, 답을 정확히 표시하시오.

※ 시험이 시작되기 전까지 표지를 넘기지 마시오.

공부플렉스

제 2 교시

수학 영역

홀수형

5지선다형

1. $3^0 + 16^{\frac{1}{2}}$의 값은? [2점]

① 4　　　② 5　　　③ 6　　　④ 7　　　⑤ 8

2. 함수 $f(x) = \int (x^2 + 3)\,dx$에 대하여 $f'(1)$의 값은? [2점]

① 1　　　② 2　　　③ 3　　　④ 4　　　⑤ 5

3. 함수 $f(x) = (x^3 + a)(x^2 + x - 1)$에 대하여 $f'(1) = 18$일 때, 상수 a의 값은? [3점]

① 1　　　② 2　　　③ 3　　　④ 4　　　⑤ 5

4. 수열 $\{a_n\}$에 대하여 $\displaystyle\sum_{k=1}^{10} (a_{2k-1} + a_{2k}) = 35$일 때,

$\displaystyle\sum_{k=1}^{20} (a_k - 1)^2 - \sum_{k=1}^{20} (a_k - 3)^2$의 값은? [3점]

① -40　　　② -20　　　③ 55　　　④ 70　　　⑤ 132

5. 열린구간 $(-3, 3)$에서 정의된 함수 $y = f(x)$의 그래프가 그림과 같다. $\displaystyle\lim_{x \to 2-} f(x-1) + \lim_{x \to 1+} f(-x)$의 값은? [3점]

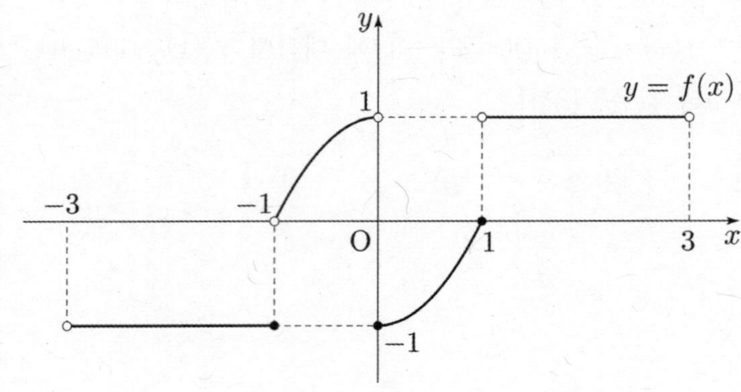

① -2 ② -1 ③ 0 ④ 1 ⑤ 2

6. 함수 $f(x) = x^3 - 3x^2 + a$의 모든 극값의 합이 14일 때, 상수 a의 값은? [3점]

① 1 ② 3 ③ 5 ④ 7 ⑤ 9

7. 그림과 같이 1보다 큰 실수 a에 대하여 직선 $x = 1$이 두 곡선 $y = a^{2x}$, $y = \dfrac{1}{2}\log_a x$와 만나는 점을 각각 A, B라 하고, 점 A를 지나고 기울기가 -1인 직선이 곡선 $y = \dfrac{1}{2}\log_a x$와 만나는 점을 C라 하자. 삼각형 ABC가 직각삼각형일 때, a의 값은? [3점]

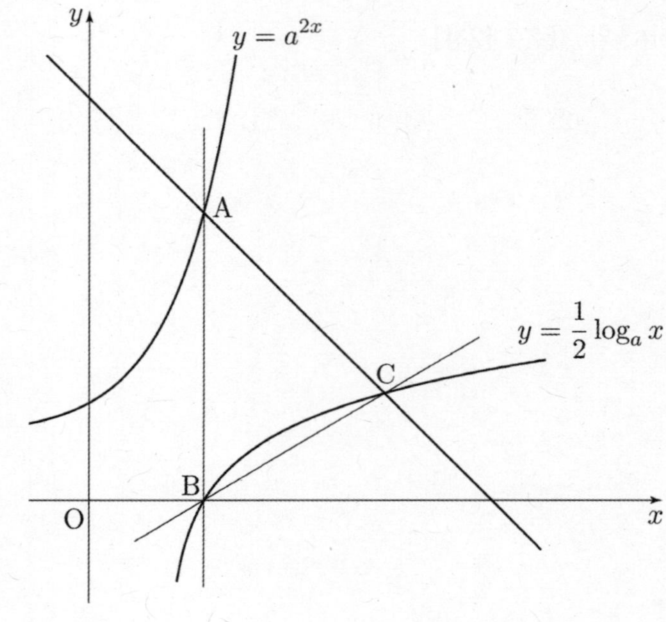

① $\sqrt{2}$ ② $\sqrt{3}$ ③ 2 ④ $\sqrt{5}$ ⑤ $\sqrt{6}$

8. $0 < \theta < 2\pi$에서 x에 대한 이차방정식

$$x^2 + 3(\cos\theta)x + \frac{21}{4} + \frac{39}{4}\sin\theta = 0$$

이 실근을 갖지 않도록 하는 모든 θ의 값의 범위는
$\alpha < \theta < \beta,\ \gamma < \theta < \omega$이다. $\alpha + \omega \times \sin\beta \times \sin\gamma$의 값은? [3점]

① $\dfrac{\pi}{9}$ ② $\dfrac{2\pi}{9}$ ③ $\dfrac{\pi}{3}$ ④ $\dfrac{4\pi}{9}$ ⑤ $\dfrac{5\pi}{9}$

9. 최고차항의 계수가 1인 이차함수 $f(x)$와 함수

$$g(x) = \begin{cases} 16 - f(x) & (x < a) \\ 4x & (a \le x \le 4) \\ x^2 + 3 & (x > 4) \end{cases}$$

에 대하여 함수 $f(x) \times g(x)$가 실수 전체의 집합에서 연속이고
$f(5) = -1$일 때, 상수 a의 값은? (단, $a < 4$이다.) [4점]

① 3   ② 2   ③ 1   ④ -1 ⑤ -2

10. 수열 $\{a_n\}$은 $a_1 = 3$이고, 모든 자연수 n에 대하여

$$a_{n+1} = \begin{cases} \dfrac{a_n}{3} \times n + a_n & (\log_3 a_n \text{이 자연수인 경우}) \\ a_n + 1 & (\log_3 a_n \text{이 자연수가 아닌 경우}) \end{cases}$$

을 만족시킨다. $a_k < 100$일 때, 자연수 k의 최댓값은? [4점]

① 59   ② 60   ③ 61   ④ 62   ⑤ 63

11. 다음 조건을 만족시키는 2이상의 자연수 n의 최솟값은? [4점]

> x에 대한 두 방정식 $x^n = -9^{n-6}$과 $x^n = 27^{n-3}$은 각각 실근 p, q를 갖고 $p \times q < -3$이다.

① 6   ② 7   ③ 8   ④ 9   ⑤ 10

12. 두 양수 a, b $(a > b)$에 대하여 함수

$$f(x) = a\cos\left(\frac{\pi}{3}x\right) + b \quad (0 < x < 9)$$

의 그래프가 x축과 만나는 세 점을 A, B, C라 하고, 곡선 $y = f(x)$ 위의 점 중 y좌표가 최대인 점을 P라 하자. $2\overline{OA} = 5\overline{AB}$이고, 삼각형 BCP의 넓이가 5일 때, $a + 2b$의 값은? (단, 점 O는 원점이고 $\overline{OA} < \overline{OB} < \overline{OC}$이다.) [4점]

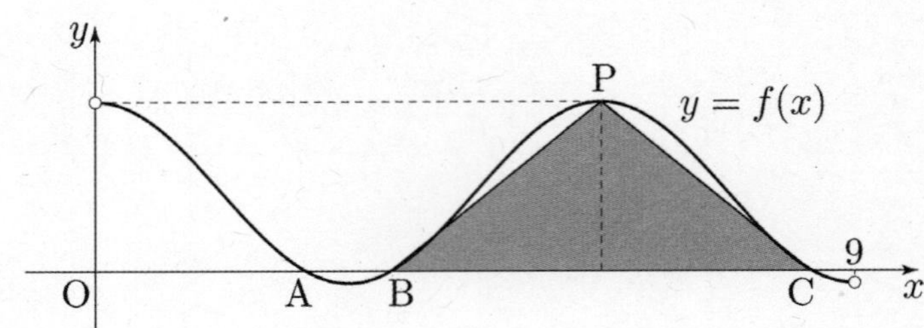

① $2\sqrt{3} - 3$ ② $2\sqrt{3} - 2$ ③ $4\sqrt{3} - 2$
④ $4\sqrt{3} - 4$ ⑤ $4\sqrt{3} - 6$

13. 원점에서 출발하여 수직선 위를 움직이는 두 점 P, Q의 시각 t $(t \geq 0)$에서의 속도는 각각

$$v_1(t) = \begin{cases} -3t^2 + 12 & (0 \leq t < 3) \\ -a(t-3)-15 & (t \geq 3) \end{cases}$$

$$v_2(t) = bt - 30$$

이다. 시각 $t = k$에서 두 점 P, Q이 만나고 시각 $t = 0$에서 시각 $t = k$까지 점 P와 Q가 이동한 거리가 각각 57, 65일 때, $a+b+k$의 값은? (단, $a > 0$, $0 < b < 15$, $k > 2$이다.) [4점]

① 16　　② 17　　③ 18　　④ 19　　⑤ 20

14. 그림과 같이 $\cos(\angle ABC) = \dfrac{3}{4}$이고 외접원의 반지름이 R인 삼각형 ABC가 있다. 점 A에서 선분 BC에 내린 수선의 발을 H, 선분 BC의 중점을 P라 할 때, 선분 AB 위의 점 Q가 다음 조건을 만족시킨다.

$$\boxed{\overline{PQ} \perp \overline{BC}\text{이고 직선 CQ는 }\angle BCA\text{의 이등분선이다.}}$$

$\overline{PH} = 2$이고 삼각형 AQC의 넓이를 S라 할 때, $\dfrac{R}{S}$의 값은? [4점]

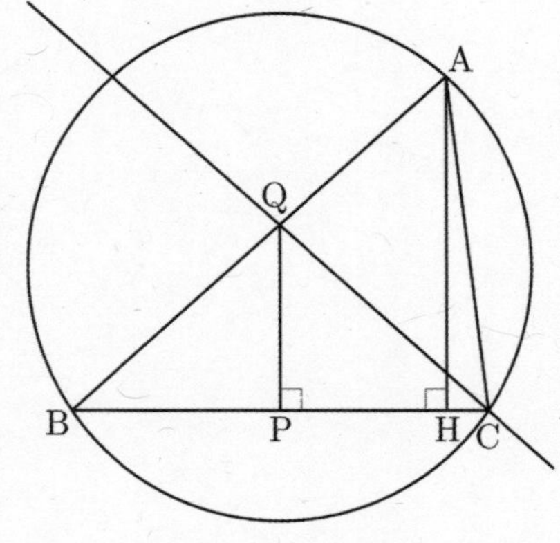

① $\dfrac{4}{7}$　　② $\dfrac{22}{35}$　　③ $\dfrac{24}{35}$　　④ $\dfrac{26}{35}$　　⑤ $\dfrac{4}{5}$

15. 최고차항의 계수가 양수이고 삼차함수 $f(x)$와 자연수 n은 다음 조건을 만족시킨다.

> (가) $\{x \mid f'(x) = 0, \; x < 6\} = \{n\}$
>
> (나) 함수 $f(x)$의 닫힌구간 $[k, \; k+3]$에서의 최솟값과 최댓값이 각각 8, 80이 되게 하는 실수 k는 1, 3뿐이다.

$f(2n)$의 값은? [4점]

① 7　　　② 8　　　③ 9　　　④ 10　　　⑤ 11

16. $\displaystyle\lim_{x \to -1} \dfrac{1}{x+1}\left(x - \dfrac{1}{x}\right)$의 값을 구하시오. [3점]

17. 첫째항이 1이고 공차가 5인 등차수열 $\{a_n\}$에 대하여 $a_2 \times a_k = a_{122}$ 를 만족시키는 자연수 k의 값을 구하시오. [3점]

18. $\dfrac{\pi}{2}<\theta<\pi$인 θ에 대하여 $\sin\theta+\cos\theta=-\dfrac{\sqrt{2}}{3}$일 때, $6(\sin\theta-\cos\theta)$의 값을 구하시오. [3점]

19. 좌표평면 위의 세 점 A$(0,\ 15)$, B$(6,\ 9)$, C$(6,\ 0)$에 대하여 곡선 $y=\dfrac{4}{3}x^2$과 x축 및 두 선분 AB, BC로 둘러싸인 부분의 넓이를 S라 할 때, $2\times S$를 구하시오. [3점]

20. 0이 아닌 상수 a에 대하여 삼차함수 $f(x)$가 다음 조건을 만족시킨다.

(가) $f(x)=\displaystyle\int_0^2 ax^3 f(t)dt+\dfrac{5}{12}\int_{-2}^2 x|f(t)|dt$

(나) 닫힌구간 $[0,\ 2]$에 포함된 임의의 서로 다른 두 실수 c_1, c_2에 대하여 $f(c_1)\times f(c_2)\geq 0$을 만족시킨다.

a^2의 값을 $\dfrac{q}{p}$라 할 때, $p+q$의 값을 구하시오.

(단, p와 q는 서로소인 두 자연수이다.) [4점]

21. 최고차항의 계수가 양수이며 $f(0)=0$인 삼차함수 $f(x)$와 서로 다른 양수 a, b가

$$\lim_{x\to 0-}\frac{\sqrt{|f(x-a)|}}{f(x)}+\lim_{x\to 0+}\frac{x}{\sqrt{|f(x-b)+a|}}=0$$

를 만족시킬 때, $f(3)$의 값을 구하시오. [4점]

22. 양수 a에 대하여

$$A=\{n\,|\,2\log_2(-n^2+2n+24)-\log_2(n+1)^2>a,\ n\text{은 정수}\}$$
$$B=\{n\,|\,2\log_2(-n^2+2n+24)-\log_2(n+1)^2<a,\ n\text{은 정수}\}$$

라 하자. $n(A)-n(B)=2$일 때, 2^{a+2}의 값이 자연수 m이다, 자연수 m의 최댓값과 최솟값의 합을 구하시오. [4점]

* 확인 사항

○ 답안지의 해당란에 필요한 내용을 정확히 기입(표기)했는지 확인하시오.

○ 이어서, 「**선택과목(확률과 통계)**」 문제가 제시되오니, 자신이 선택한 과목인지 확인하시오.

제 2 교시　**수학 영역(확률과 통계)**　홀수형

5지선다형

23. 이항분포 $B\left(18, \dfrac{1}{3}\right)$을 따르는 확률변수 X에 대하여 $V(X)$의 값은? [2점]

① 4　　② 5　　③ 6　　④ 7　　⑤ 8

24. 어느 행사에 참가하여 본선에 진출한 사람들의 남녀 비율은 남자가 60%, 여자가 40%이고, 본선에 진출한 남자들 중 80%는 20대였고, 본선에 진출한 여자들 중 80%는 20대가 아니었다. 본선에 진출한 사람 중 임의로 선택한 한 명이 20대였을 때, 이 사람이 남자일 확률은? [3점]

① $\dfrac{2}{7}$　　② $\dfrac{3}{7}$　　③ $\dfrac{4}{7}$　　④ $\dfrac{5}{7}$　　⑤ $\dfrac{6}{7}$

25. 두 사건 A, B에 대하여

$$\mathrm{P}(A\cup B)=\mathrm{P}(A\,|\,B^C),\ \mathrm{P}(B\,|\,A)=\frac{3}{10},\ \mathrm{P}(B)=\frac{1}{3}$$

일 때, $\mathrm{P}(A\cap B)$의 값은? (단, B^C은 B의 여사건이다.) [3점]

① $\dfrac{2}{21}$ ② $\dfrac{1}{7}$ ③ $\dfrac{4}{21}$ ④ $\dfrac{5}{21}$ ⑤ $\dfrac{2}{7}$

26. 어느 공장에서 생산되는 옷 한 벌의 무게는 평균이 $m\mathrm{g}$, 표준편차가 $\sigma\mathrm{g}$인 정규분포를 따른다고 한다. 이 공장에서 생산되는 옷 중 36개를 임의추출하여 구한 옷 한 벌의 무게의 표본평균이 84g일 때, 모평균 m에 대한 신뢰도 95%의 신뢰구간이 $82.6\leq m\leq a$이다. $\sigma\times a$의 값은? (단, Z가 표준정규분포를 따르는 확률변수일 때, $\mathrm{P}(|Z|\leq 1.96)=0.95$로 계산한다.) [3점]

① 364 ② 365 ③ 366 ④ 367 ⑤ 368

27. 7개의 문자 $p,\ p,\ p,\ q,\ q,\ q,\ r$를 일렬로 모두 나열할 때, q와 r는 이웃하지 않도록 나열하는 모든 경우의 수는? [3점]

① 40   ② 45   ③ 50   ④ 55   ⑤ 60

28. 정의역이 $X=\{1,\ 2,\ 3\}$, 공역이 $Y=\{1,2,4,5\}$인 함수 중에서 임의로 선택한 한 함수를 $f(x)$라 하자. $f(1)+f(2)=f(3)$이 성립할 확률은? [4점]

① $\dfrac{1}{8}$ ② $\dfrac{7}{64}$ ③ $\dfrac{3}{32}$ ④ $\dfrac{5}{64}$ ⑤ $\dfrac{1}{16}$

단답형

29. 이산확률변수 X가 가지는 값은 1, 2, 3, 4, 5, 6이고 구간 $[0,\,2]$의 모든 실수의 값을 가지는 연속확률변수 Y의 확률밀도함수 $f(x)$가 다음 조건을 만족시킬 때,

$a \times \mathrm{P}\!\left(\dfrac{1}{2} \le Y \le 1\right) = \dfrac{q}{p}$ 이다. $p+q$의 값을 구하시오.

(단, p와 q는 서로소인 자연수이다.) [4점]

(가) 상수 a에 대하여

$$\mathrm{P}(X=x) = 2\mathrm{P}(X=7-x) = \frac{a}{x+1} - \frac{1}{12}$$

$$(x=1,\,2,\,3)$$

이다.

(나) $f(x) = b\,|x-1| + \dfrac{1}{4} \ (0 \le x \le 2)$

---

30. 집합 $X=\{1,\,2,\,3\}$, $Y=\{0,\,1,\,2,\,3\}$, $Z=\{0,\,1,\,2\}$에 대하여 다음 조건을 만족시키는 두 함수 $f:X \to Y$, $g:X \to Z$의 모든 순서쌍 $(f,\,g)$의 개수를 구하시오. [4점]

(가) 함수 g의 치역은 집합 Z가 아니다.

(나) $\displaystyle\sum_{x=1}^{3} \{f(x) \times g(x)\} = 4$

---

* 확인 사항

○ 답안지의 해당란에 필요한 내용을 정확히 기입(표기)했는지 확인하시오.

○ 이어서, 「**선택과목(미적분)**」 문제가 제시되오니, 자신이 선택한 과목인지 확인하시오.

제 2 교시

수학 영역(미적분)

홀수형

5지선다형

23. $\lim_{n\to\infty} \dfrac{\sqrt{2n+6}-\sqrt{2n}}{\sqrt{2n+2}-\sqrt{2n}}$ 의 값은? [2점]

① 1　　② 2　　③ 3　　④ 4　　⑤ 5

24. $\tan\theta = -|\tan\theta|$ 이고 $\cos\theta = \dfrac{3}{5}$ 일 때, $\sin\left(\theta+\dfrac{\pi}{4}\right)$ 의 값은?

[3점]

① $-\dfrac{\sqrt{2}}{10}$　② $\dfrac{\sqrt{2}}{10}$　③ 0　　④ $\dfrac{7\sqrt{2}}{10}$　⑤ $-\dfrac{7\sqrt{2}}{10}$

25. 두 수열 $\{a_n\}$, $\{b_n\}$이 모든 자연수 n에 대하여

$$\frac{n^2+1}{n} < a_n b_n < \frac{n^2+4}{n}$$

$$\frac{2n^3+n}{n^2+4} < a_n < \frac{2n^3+5n}{n^2+1}$$

을 만족시킬 때, $\displaystyle\lim_{n\to\infty} b_n$의 값은? [3점]

① $\dfrac{1}{2}$ ② 1 ③ $\dfrac{3}{2}$ ④ 2 ⑤ $\dfrac{5}{2}$

26. 좌표평면 위를 움직이는 점 P의 시각 $t\,(t>0)$에서의 위치 $(x,\ y)$가

$$x = 2t,\quad y = 3t + \frac{1}{t^3}$$

이다. 점 P의 속력이 최소일 때, 점 P의 가속도의 크기는? [3점]

① 11 ② 12 ③ 13 ④ 14 ⑤ 15

27. 수열 $\{a_n\}$이 모든 자연수 n에 대하여

$$a_n = \left(-\frac{1}{2}\right)^{n-1}$$

이고 수열 $\{b_n\}$이 모든 자연수 n에 대하여

$$b_n = \begin{cases} a_n & (a_n \geq a_{n+1}) \\ a_{n+1} & (a_n < a_{n+1}) \end{cases}$$

을 만족시킬 때, $\displaystyle\sum_{n=1}^{\infty} b_n$의 값은? [3점]

① 1　　② $\dfrac{4}{3}$　　③ $\dfrac{5}{3}$　　④ 2　　⑤ $\dfrac{7}{3}$

28. 실수 전체의 집합에서 연속이고 $x < 0$일 때, $f(x) = \sqrt{-x}$인 함수 $f(x)$는 x좌표가 양수이고 직선 $y = kx$ (k는 상수, $k > 0$) 위에 있는 모든 점 P에 대하여 다음 조건을 만족시킨다.

> 점 P를 지나고 x축과 평행한 직선이 곡선 $y = f(x)$과 만나는 점을 Q, 점 P를 지나고 y축과 평행한 직선이 곡선 $y = f(x)$과 만나는 점을 R이라 할 때
> $$2\overline{PQ} = \overline{PR}$$
> 이다.

$\displaystyle\int_{-4}^{2} f(x)\,dx = -27$일 때, $f(6)$의 값은? [4점]

① -448　　② -447　　③ -446　　④ -445　　⑤ -444

---

29. 공비가 1보다 큰 양수이고 $a_2 = 1$인 등비수열 $\{a_n\}$에 대하여 수열 $\{b_n\}$을

$$b_{n+1} = \begin{cases} \dfrac{a_{n+1}b_n}{2} & (n \text{이 홀수}) \\[2mm] \dfrac{b_n}{a_{n+4}} & (n \text{이 짝수}) \end{cases}$$

라 하자.

$$\lim_{n \to \infty}\left[\left(\sum_{k=1}^{n} a_k\right) \times \left\{\left(\sum_{k=1}^{2n} b_k\right) - \frac{7}{5}b_1\right\}\right] = -1$$

일 때, $b_1 + 50$의 값을 구하시오. [4점]

30. 일차함수 $f(x)$에 대하여 함수 $g(x)$를

$$g(x) = \left| f(x)e^{-x^2} + 1 \right|$$

라 하자. 함수 $f(x)$가 다음 조건을 만족시킨다.

$x \neq \dfrac{1}{2}$인 모든 실수 x에 대하여

$$\{y \,|\, (2x-1)(2y-1) < 0\} \subset \{y \,|\, (x-y)\{g(x)-g(y)\} > 0\}$$

이다.

$|f(-1)|$의 최댓값이 $p \times e^q$일 때, $16(p+q)$의 값을 구하시오.
(단, p와 q는 유리수이며 $\displaystyle\lim_{x \to \infty} xe^{-x^2} = 0$이다.) [4점]

---

* 확인 사항

○ 답안지의 해당란에 필요한 내용을 정확히 기입(표기)했는지 확인 하시오.

○ 이어서, 「**선택과목(기하)**」 문제가 제시되오니, 자신이 선택한 과목인지 확인하시오.

제 2 교시
수학 영역(기하)
홀수형

5지선다형

23. 좌표공간의 점 $A(3, 1, -2)$를 xy평면에 대하여 대칭이동한 점을 B라 할 때, 선분 AB의 길이는? [2점]

① 3　　② 4　　③ 5　　④ 6　　⑤ 7

24. 두 평면벡터 $\vec{a}$와 $\vec{b}$는 서로 수직이고

$$|\vec{a}+\vec{b}|=\sqrt{3}, \quad |\vec{a}-2\vec{b}|=3$$

일 때, $|\vec{a}|\times|\vec{b}|$의 값은? [3점]

① $\dfrac{1}{2}$　　② $\dfrac{\sqrt{2}}{2}$　　③ 1　　④ $\sqrt{2}$　　⑤ 2

25. 사면체 ABCD에 대하여 삼각형 ABC는 한 변의 길이가 6인 정삼각형이고 점 A에서 선분 BC에 내린 수선의 발을 H라 하자. 점 A의 평면 BCD 위로의 정사영이 M이고 선분 AM의 길이는 4이고 평면 ABC와 평면 BCD가 이루는 각의 크기를 θ라 할 때, $\tan\theta$의 값은? [3점]

① $\dfrac{\sqrt{11}}{11}$ ② $\dfrac{2\sqrt{11}}{11}$ ③ $\dfrac{3\sqrt{11}}{11}$ ④ $\dfrac{4\sqrt{11}}{11}$ ⑤ $\dfrac{5\sqrt{11}}{11}$

26. 그림과 같이 포물선 $x^2 = 8y$ 위의 제2사분면에 있는 점 A에서 이 포물선의 준선 l에 내린 수선의 발을 H라 하자. 선분 AH를 지름으로 하는 원이 y축과 접할 때, 점 A에서 이 포물선에 접하는 직선이 준선 l과 만나는 점의 x좌표는? (단, 점 A의 y좌표는 2 보다 크다.) [3점]

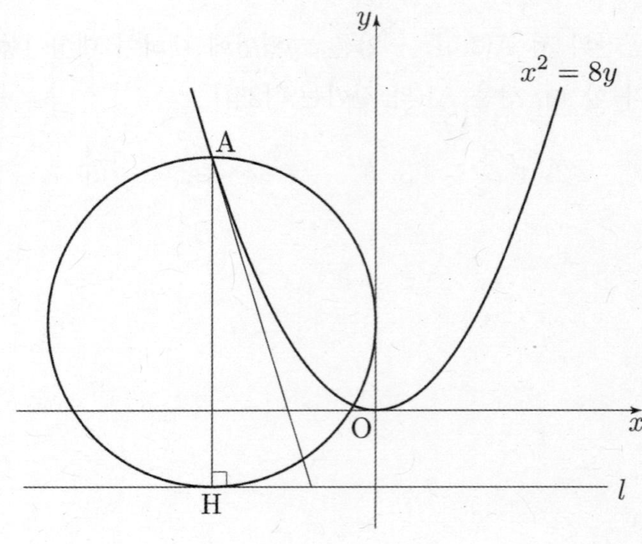

① $-\sqrt{3}$ ② $-2\sqrt{3}$ ③ $-3\sqrt{3}$ ④ $-4\sqrt{3}$ ⑤ $-5\sqrt{3}$

27. 좌표평면에서 원 $(x-4)^2+(y-3)^2=32$ 위의 두 점 A(8, 7), B에 대하여 점 P가

$$\overrightarrow{OA}+\overrightarrow{OB}=4\overrightarrow{OP}$$

를 만족시킨다. 직선 OP의 기울기가 $\dfrac{3}{4}$일 때, $\overrightarrow{OA}\cdot\overrightarrow{OB}$의 최댓값은? (단, O는 원점이다.) [3점]

① $\dfrac{2792}{25}$ ② $\dfrac{2793}{25}$ ③ $\dfrac{2794}{25}$ ④ $\dfrac{559}{5}$ ⑤ $\dfrac{2796}{25}$

28. 양의 상수 p에 대하여 기울기가 $-\dfrac{4}{3}$인 직선이 포물선 $y^2=4px$의 초점 F(p, 0)을 지나고 포물선 $y^2=4px$와 만나는 두 점 사이의 거리가 3일 때, p의 값은? [4점]

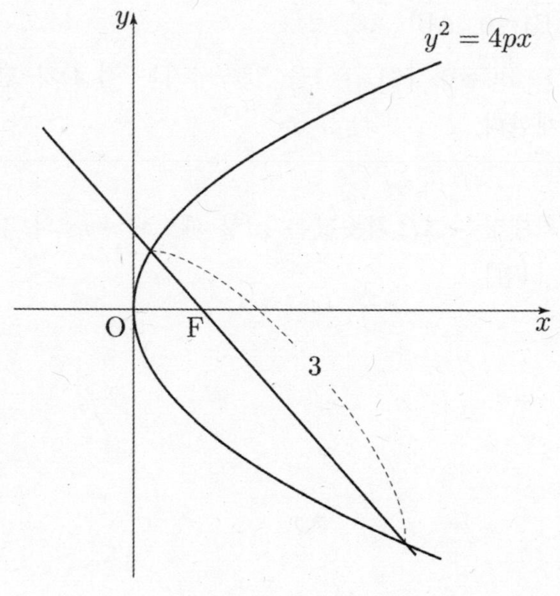

① $\dfrac{12}{25}$ ② $\dfrac{13}{25}$ ③ $\dfrac{14}{25}$ ④ $\dfrac{3}{5}$ ⑤ $\dfrac{16}{25}$

단답형

29. 좌표평면 위의 세 점 A, B, C가 다음 조건을 만족시킨다.

> (가) $|\overrightarrow{AB}|=6$, $\overrightarrow{AB}\cdot\overrightarrow{AC}=24$
>
> (나) $\overrightarrow{AD}\cdot\overrightarrow{BC}=0$, $|\overrightarrow{CD}|=1$을 만족시키는 점 D가 단 하나 존재한다.

$|\overrightarrow{AC}|$의 최댓값은 M, 최솟값은 m일 때, M^2+m^2의 값을 구하시오. [4점]

30. $\overline{AB}=\overline{BC}=6$인 사면체 ABCD는 다음 조건을 만족시킨다.

> (가) $\angle ABC = \dfrac{\pi}{6}$
>
> (나) $\overline{AD}\perp\overline{AB}$

삼각형 ADC는 정삼각형이고 점 D와 삼각형 ABC를 포함하는 평면과의 거리를 h라 할 때, $h^2 = a\sqrt{3}-b$이다. $a+b$의 값을 구하시오. (단, a, b는 상수이다.) [4점]

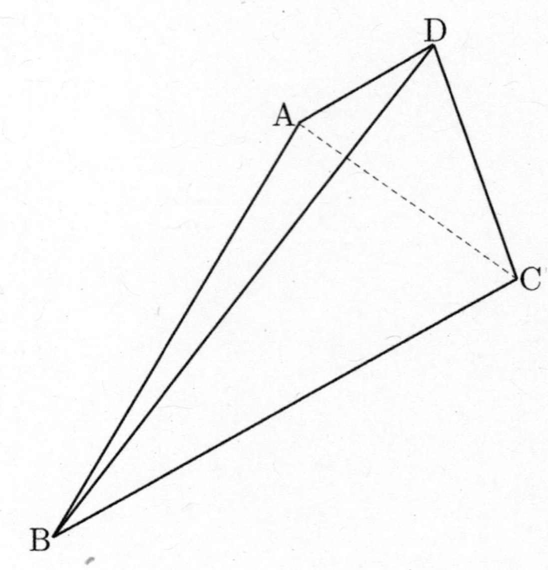

| 공부플렉스 수학 모의고사 PRE 수능 1회 해설지 | | | | | | | | | | |

공통 수학1+수학2						확률과 통계		미적분		기하	
1	②	11	③	21	64	23	③	23	④	23	⑤
2	①	12	③	22	46	24	①	24	②	24	①
3	④	13	①			24	①	24	②	24	①
4	①	14	②			25	②	25	①	25	⑤
5	③	15	④			26	⑤	26	①	26	②
6	①	16	4			27	④	27	④	27	①
7	⑤	17	18			28	④	28	③	28	③
8	②	18	11			29	64	29	5	29	6
9	②	19	4			30	272	30	384	30	330
10	①	20	2								

공통 수학1+수학2

1 해설

$$\sqrt[3]{4}\times\sqrt[3]{16}=4^{\frac{1}{3}}\times 4^{\frac{2}{3}}$$

답 ②

2 해설

$$\lim_{x\to 2}\frac{(x-2)(3x+4)}{x^2-2x}=\lim_{x\to 2}\frac{(x-2)(3x+4)}{x(x-2)}=\frac{10}{2}=5$$

답 ①

3 해설

$f(x)=x^3-ax^2+36x$ 에서

$f'(x)=3x^2-2ax+36$

함수 $f(x)$ 가 $x=6$ 에서 극소이므로 $f'(6)=0$

$\therefore\ a=12$

$f'(x)=3(x-2)(x-6)=0$ 에서 $x=2$ 또는 $x=6$ 이므로

$x=2$ 에서 극댓값을 갖는다.

$\therefore\ b=2$

$\therefore\ a+b=14$

답 ④

4 해설

문제의 조건에서

$$f'(x)=4x^3-ax+3 \Rightarrow f(x)$$
$$=x^4-\frac{ax^2}{2}+3x+1\,(\because\ f(0)=1)$$

임을 알 수 있으므로

$$f(2)=1 \Rightarrow 16-2a+7=1 \Rightarrow a=11$$

를 얻는다.

$$\therefore\ f(x)=x^4-\frac{11}{2}x^2+3x+1 \Rightarrow f(4)=181$$

답 ①

5 해설

직선 OA 와 x 축의 양의 방향과 이루는 예각의 크기가 θ 이므로

$$\tan\theta=(\text{직선 } OA \text{ 의 기울기})=\frac{2}{3\cos\theta}$$

$$\Rightarrow \sin\theta=\frac{2}{3}\left(\because\ \tan\theta=\frac{\sin\theta}{\cos\theta}\right)$$

$$\Rightarrow \cos\theta=\frac{\sqrt{5}}{3}$$

이다.

$$\therefore\ \overline{OA}=\sqrt{9\cos^2\theta+4}=\sqrt{9\times\frac{5}{9}+4}=3$$

답 ③

6 해설

등비수열 $\{a_n\}$ 의 공비를 r 이라 하면

$$a_4-a_1=38 \Rightarrow a_1(r^3-1)=38 \cdots \bigcirc$$

이므로

$$a_1>0 \Rightarrow r^3>1 \cdots \bigcirc\!\!\bigcirc$$

임을 알 수 있다.

따라서

$$\sum_{n=1}^{3}a_n=76 \Rightarrow \frac{a_1(r^3-1)}{r-1}=76$$

$$\Rightarrow \frac{38}{r-1}=76\,(\because\ \bigcirc)$$

$$\Rightarrow r=\frac{3}{2}\,(\because\ \bigcirc\!\!\bigcirc)$$

이고 이를 다시 ㉠에 대입하면

$$\frac{19}{8}a_1=38 \Rightarrow a_1=16$$

을 얻는다.

$$\therefore\ a_5=16\times\left(\frac{3}{2}\right)^4=81$$

답 ①

7 해설

$\lim\limits_{x \to 4} \dfrac{f(x)+5}{\sqrt{x}-2}=9$ 인데 (분모) $\to 0$ 이므로

$\lim\limits_{x \to 4}\{f(x)+5\}=0$ 에서 $f(4)=-5$ 이다.

$\lim\limits_{x \to 4}\dfrac{f(x)+5}{\sqrt{x}-2}=\lim\limits_{x \to 4}\dfrac{(f(x)+5)(\sqrt{x}+2)}{x-4}=f'(4)\times 4=9$

이므로 $4f'(4)=9$ 이다.

$\therefore\ f(4)+4f'(4)=-5+9=4$

답 ⑤

8 해설

조건 (가)에서 $\sqrt[4]{a^2 b}$ 는 b^2 의 세제곱근이므로

$\left(\sqrt[4]{a^2 b}\right)^3=b^2,\ \left(a^2 b\right)^{\frac{3}{4}}=b^2$

$a^6 b^3=b^8,\ a^6=b^5$

$\therefore\ \log_a b=\dfrac{6}{5},\ \log_b a=\dfrac{1}{\log_a b}=\dfrac{5}{6}$

조건 (나)에서 $\log_a bc^3+\log_b a^2=\dfrac{14}{3}$ 이므로

$\log_a bc^3+\log_b a^2$

$=\log_a b+3\log_a c+2\log_b a$

$=\dfrac{6}{5}+3\log_a c+\dfrac{5}{3}\ =\dfrac{14}{3}$

$\therefore\ \log_a c=\dfrac{3}{5}$

$\therefore\ \log_{ac}bc=\dfrac{\log_a bc}{\log_a ac}=\dfrac{\log_a b+\log_a c}{\log_a a+\log_a c}$

$\qquad\qquad =\dfrac{\dfrac{6}{5}+\dfrac{3}{5}}{1+\dfrac{3}{5}}=\dfrac{9}{8}$

답 ②

9 해설

함수 $f(x)=3x^2-12x-27$에 대하여

$$\int_{-3}^{a}f(x)\,dx-\int_{-1}^{0}f(x)\,dx=\int_{-3}^{-1}f(x)\,dx$$

에서

$$\int_{-3}^{a}f(x)\,dx=\int_{-3}^{-1}f(x)\,dx+\int_{-1}^{0}f(x)\,dx$$

$$\int_{-3}^{a}f(x)\,dx=\int_{-3}^{0}f(x)\,dx$$

$$\int_{-3}^{0}f(x)\,dx+\int_{0}^{a}f(x)\,dx=\int_{-3}^{0}f(x)\,dx$$

$$\therefore\ \int_{0}^{a}f(x)\,dx=0$$

$$\int_{0}^{a}\left(3x^2-12x-27\right)dx=\left[x^3-6x^2-27x\right]_{0}^{a}=a^3-6a^2-27a$$

$a^3-6a^2-27a=0$에서

$a(a+3)(a-9)=0$

$\therefore\ a=9\ (\because\ a>0)$

답 ②

10 해설

$y=n^x,\ y=n^{-x+1}-4$를 연립하면

$n^x=n^{-x+1}-4$

$\Rightarrow n^x=\dfrac{n}{n^x}-4$

$\Rightarrow (n^x)^2+4n^x-n=0$

$\Rightarrow y^2+4y-n=0$

$f(y)=y^2+4y-n$이라 하면 $f(y)=0$의 해가 2와 3

사이에 있어야 하므로

$f(2)<0,\ f(3)>0$

이어야 한다.

$f(2)=12-n<0$에서 $n>12$

$f(3)=21-n>0$에서 $n<21$

따라서 $12<n<21$이므로 모든 자연수 n의 값의 합은

$13+14+\cdots+20=132$

답 ①

11 해설

점 P의 시각 $t\ (t\geq 0)$에서의 위치 x를

$f(t)=-t^3+at^2+bt-3$이라 하자.

점 P는 시각 $t=2,\ t=k\ (k>2)$에서 운동방향을 바꾸므로

$$f'(2)=f'(k)=0$$

이다. 즉,

$$f'(t)=-3(t-2)(t-k)\ (k>2)$$

이다. 또 시각 $t=0,\ t=k$에서 점 P의 위치가 같으므로

$f(0)=f(k)$이고 $f'(k)=0$이므로 함수 $y=f(t)$의 그래프

의 개형은 그림과 같다.

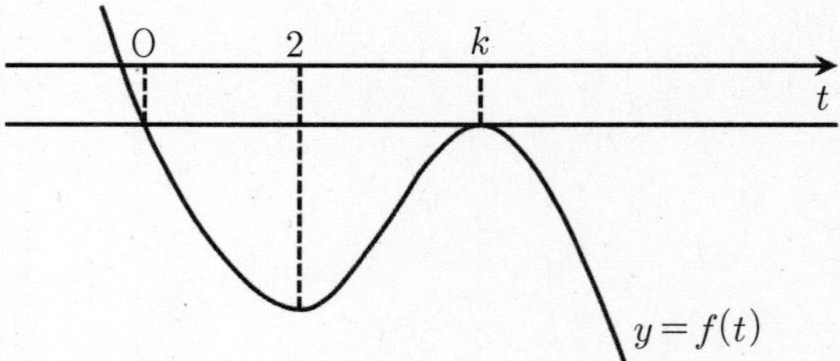

$f(t)=-t(t-k)^2-3$이라 하면

$f'(t)=-(t-k)^2-2t(t-k)=-2(t-k)(3t-k)$

이고 $f'(2)=0$이므로 $k=6$이다. $(\because k>2)$

따라서 $f(t)=-t^3+12t^2-36t-3$이므로 $a=12,\ b=-36$이다.

$\therefore\ \dfrac{b}{a}=-3$

답 ③

12 해설

(i) $a_6 > 0$일 때, $a_7 = 2a_6 - 4$

(i)-① $a_7 = 2a_6 - 4 > 0$이면 $a_8 = 4a_6 - 12$이므로

문제의 조건 $a_6 + a_8 = -2$에서

$a_6 + a_8 = a_6 + (4a_6 - 12) = 5a_6 - 12 = -2$

$\therefore \ a_6 = 2, \ a_7 = 0$

이는 $a_7 > 0$임에 모순이다.

(i)-② $a_7 = 2a_6 - 4 \leq 0$이면 $a_8 = 2a_6 - 1$이므로

문제의 조건 $a_6 + a_8 = -2$에서

$a_6 + a_8 = a_6 + (2a_6 - 1) = 3a_6 - 1 = -2$

$\therefore \ a_6 = -\dfrac{1}{3}$

이는 $a_6 > 0$과 모든 항이 정수임에 모순이다.

(ii) $a_6 \leq 0$일 때, $a_7 = a_6 + 3$

(ii)-① $a_7 = a_6 + 3 > 0$이면 $a_8 = 2a_6 + 2$이므로

문제의 조건 $a_6 + a_8 = -2$에서

$a_6 + a_8 = a_6 + (2a_6 + 2) = 3a_6 + 2 = -2$

$\therefore \ a_6 = -\dfrac{4}{3}$

이는 모든 항이 정수임에 모순이다.

(ii)-② $a_7 = a_6 + 3 \leq 0$이면 $a_8 = a_6 + 6$이므로

문제의 조건 $a_6 + a_8 = -2$에서

$a_6 + a_8 = a_6 + (a_6 + 6) = 2a_6 + 6 = -2$

$\therefore \ a_6 = -4, \ a_7 = -1, \ a_8 = 2$

(i), (ii)에 의하여 $a_6 = -4, \ a_7 = -1, \ a_8 = 2$이다.

$a_6 = -4$이므로

$a_5 = -7, \ a_4 = -10, \ a_3 = -13, \ a_2 = -16, \ a_1 = -19$이고

$a_8 = 2$이므로

$a_9 = 0, \ a_{10} = 3, \ a_{11} = 2, \ a_{12} = 0, \ a_{13} = 3 \ \cdots$

이다.

즉, $a_1 = -19, \ a_2 = -16, \ a_3 = -13, \ a_4 = -10, \ a_5 = -7,$

$a_6 = -4, \ a_7 = -1, \ a_8 = 2, \ a_9 = 0, \ a_{10} = 3, \ a_{11} = 2,$

$a_{12} = 0$

$a_{13} = 3, \ \cdots$

이다.

$\displaystyle\sum_{n=1}^{7} a_n = -70$이고

$\displaystyle\sum_{n=8}^{10} a_n = \sum_{n=11}^{13} a_n = \sum_{n=14}^{16} a_n = \cdots = 5$이므로

$-70 + 14 \times 5 = 0$에서

$\displaystyle\sum_{n=1}^{7+3\times14} a_n = \sum_{n=1}^{49} a_n = 0$임을 알 수 있다.

$a_{50} = 2, \ a_{51} = 0$이므로

$\displaystyle\sum_{n=1}^{50} a_n = \sum_{n=1}^{49} a_n + a_{50} = 2,$

$\displaystyle\sum_{n=1}^{51} a_n = \sum_{n=1}^{50} a_n + a_{51} = 2 + 0 = 2$이고

$m \geq 52$인 모든 자연수 m에 대하여 $\displaystyle\sum_{n=1}^{m} a_n > 2$이다.

따라서 $\displaystyle\sum_{n=1}^{m} a_n = 2$를 만족시키는 모든 자연수 m의 값의 합은

$50 + 51 = 101$이다.

답 ③

13 해설

최고차항의 계수가 1인 삼차함수 $f(x)$가

$$f'(0) = f'(4) = -2$$

를 만족시키므로

$$f'(x) = 3x(x-4) - 2 = 3x^2 - 12x - 2$$

라 할 수 있다.

따라서 $f(x) = x^3 - 6x^2 - 2x + C$ (C는 상수)

$f(2) = 0$이므로

$f(2) = 8 - 24 - 4 + C = 0$에서

$C = 20$이다.

$\therefore \ f(x) = x^3 - 6x^2 - 2x + 20$

$f(6) = 8$이므로 $\mathrm{P}(6, \ 8)$이다.

이때 곡선 $y = f(x)$와 y축 및 선분 QH로 둘러싸인

부분의 넓이를 A, 곡선 $y = f(x)$와 선분 PQ로 둘러싸인

부분의 넓이를 B라 하면

$$B - A = \int_0^6 \{8 - f(x)\} \, dx$$

$$= \int_0^6 (-x^3 + 6x^2 + 2x - 12) \, dx$$

$$= \left[-\dfrac{1}{4}x^4 + 2x^3 + x^2 - 12x \right]_0^6$$

$$= 72$$

답 ①

14 해설

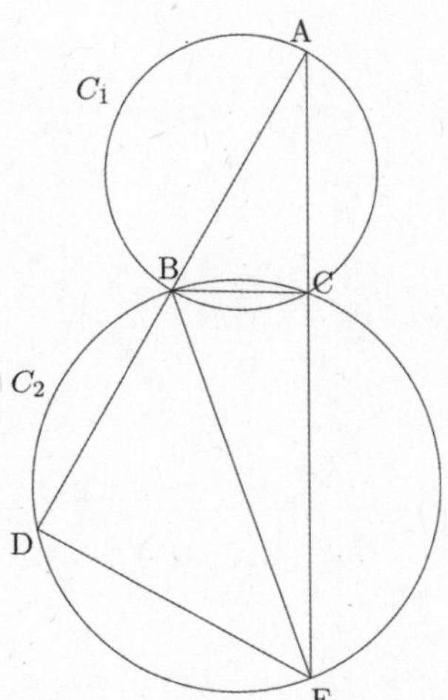

원 C_1와 C_2의 반지름을 각각 r_1, r_2라 하자. 사인법칙에 의하여
$$\overline{BE}=2r_2\times\sin(\angle BCE),\qquad \overline{AB}=2r_1\times\sin(\angle BCA)$$
이다. $\overline{AB}=2$이며 $r_2=\dfrac{3}{2}r_1$이므로
$$\overline{BE}=2r_2\times\sin(\angle BCE)=3r_1\times\sin(\angle BCA)$$
$$=\frac{3}{2}\times\{2r_1\times\sin(\angle BCA)\}$$
$$=\frac{3}{2}\times\overline{AB}=3$$
$$\therefore\ \overline{BE}=3$$
이다. 사각형 BCDE는 원 C_2에 내접하므로
$$\angle ABC=\pi-\angle CBD=\angle CED$$
$$\angle ACB=\pi-\angle BCE=\angle BDE$$
이다. 따라서 삼각형 ABC와 삼각형 AED는 닮음이다. $\overline{AC}=a$라 하자.
$$\overline{AB}:\overline{AC}=\overline{AE}:\overline{AD}$$
$$2:a=\overline{AE}:4,\qquad \therefore\ \overline{AE}=\frac{8}{a}$$
이다. 삼각형 ABC와 ADE에 대하여 코사인법칙을 사용하면
$$\cos\angle BAC=\frac{\overline{AB}^2+\overline{AC}^2-\overline{BC}^2}{2\times\overline{AB}\times\overline{AC}}=\frac{a^2+3}{4a}$$
$$\cos\angle BAE=\frac{\overline{AB}^2+\overline{AE}^2-\overline{BE}^2}{2\times\overline{AB}\times\overline{AE}}=\frac{64-5a^2}{32a}$$
$$\frac{a^2+3}{4a}=\frac{64-5a^2}{32a},\ 8a^2+24=64-5a^2$$
$$13a^2=40$$
$$\therefore\ a^2=\frac{40}{13}$$
이다.
$$\therefore\ \cos\angle ABC=\frac{\overline{AB}^2+\overline{BC}^2-\overline{AC}^2}{2\times\overline{AB}\times\overline{BC}}=\frac{5-a^2}{4}=\frac{25}{52}$$
이다.

답 ②

15 해설

함수 $y=|x-1|$의 그래프는 아래와 같다.

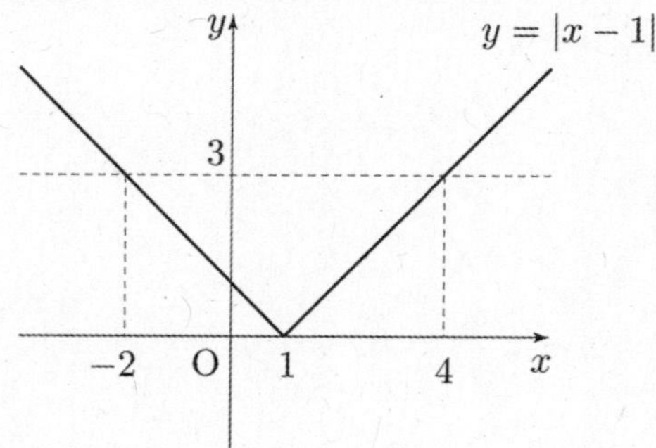

조건 (가), (나)를 만족하려면 x축 위쪽에서 함수 $g(x)$의 그래프는 아래 두 경우 중 하나에 해당하여야 한다.

i) $f(x)\geq 0\ \Leftrightarrow\ x=-2$ 또는 $1\leq x\leq 4$인 경우

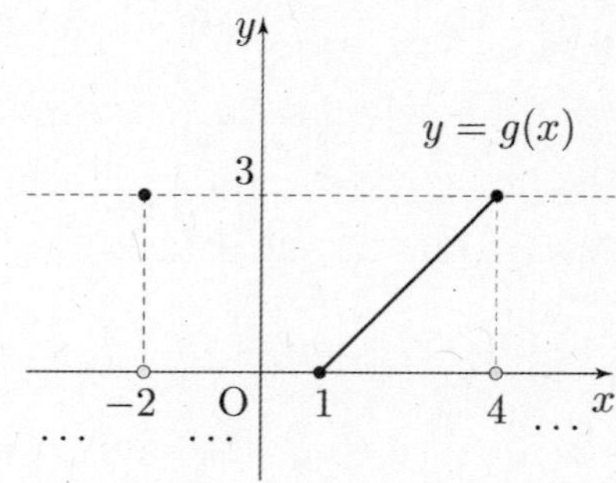

ii) $f(x)\geq 0\ \Leftrightarrow\ -2\leq x\leq 1$ 또는 $x=4$인 경우

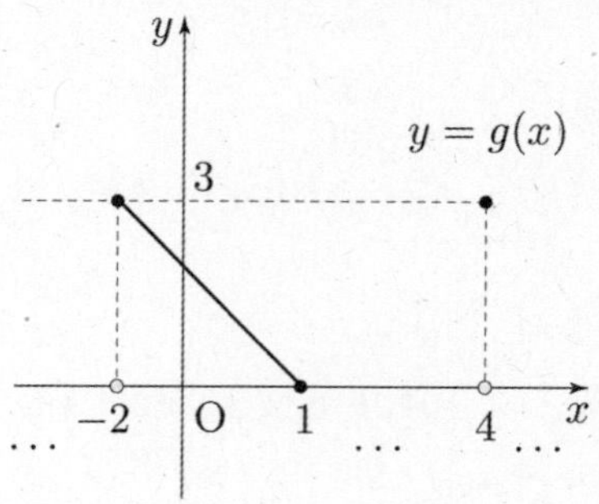

i) $f(x)\geq 0\ \Leftrightarrow\ x=-2$ 또는 $1\leq x\leq 4$인 경우
함수 $f(x)$는
$$f(x)=k(x+2)^2(x-1)(x-4)\ (k<0)$$
꼴이다.
$$f(x)=k(x+2)^2(x^2-5x+4)$$
$$f'(x)=2k(x+2)(x^2-5x+4)+k(x+2)^2(2x-5)$$
$$f'(2)=-32k$$
이므로
$$f'(2)>0$$
이다. 따라서 $f'(2)\neq-2$이다.

ii) $f(x)\geq 0\ \Leftrightarrow\ -2\leq x\leq 1$ 또는 $x=4$인 경우
함수 $f(x)$는
$$f(x)=k(x+2)(x-1)(x-4)^2\ (k<0)$$
꼴이다.
$$f(x)=k(x-4)^2(x^2+x-2)$$
$$f'(x)=2k(x-4)(x^2+x-2)+k(x-4)^2(2x+1)$$
$$f'(2)=4k$$
이다. $f'(2)=-2$에서
$$4k=-2,\ k=-\frac{1}{2}$$
이다. 그러므로
$$f(x)=-\frac{1}{2}(x+2)(x-1)(x-4)^2$$
$$f(0)=16$$
이다.

답 ④

주기가 π 이므로

$$\frac{2\pi}{b}=\pi \ \ \therefore \ b=2$$

$$f\left(\frac{\pi}{12}\right)=a\sin\frac{\pi}{6}+1=\frac{a}{2}+1=-\frac{1}{2} \ \ \therefore a=-3$$

따라서 $f(x)=-3\sin2x+1$ 이므로

$$f\left(\frac{7}{4}\pi\right)=-3\sin\frac{7}{2}\pi+1=4$$

답   4

$F'(x)=f(x)$ 이므로 $F(x)=xf(x)+x^3+3x^2$ 의 양변을 x 에 대하여 미분하면

$$f(x)=f(x)+xf'(x)+3x^2+6x$$
$$xf'(x)=-3x^2-6x$$
$$\therefore \ f'(x)=-3x-6 , \ f(x)=-\frac{3}{2}x^2-6x+C$$

$f(2)=0$ 이므로,

$$f(2)=-6-12+C=0 \ \Rightarrow \ C=18$$
$$\therefore \ f(x)=-\frac{3}{2}x^2-6x+18 , \ f(0)=18$$

답   18

$$\sum_{k=1}^{17}(k+1)=\frac{17\times18}{2}+17=170$$
$$\sum_{k=1}^{m-1}(m+6)=(m-1)(m+6)=m^2+5m-6$$

따라서 $m^2+5m-6=170$ 이어야 하므로

$$m^2+5m-176=(m+16)(m-11)=0$$
$$\therefore \ m=11(\because \ m \text{은 자연수})$$

답   11

최고차항의 계수가 1인 삼차함수 $f(x)$에 대하여 $f(0)=0$이므로

$$f(x)=x^3+ax^2+bx$$

로 놓으면 문제에 주어진 조건에 의해

$$f(2)=6 \Rightarrow 8+4a+2b=6 \Rightarrow 2a+b=-1$$
$$\frac{f(4)-f(0)}{4-0}=f'(0) \Rightarrow 16+4a+b=b \Rightarrow a=-4$$
$$\left.\right\} \Rightarrow b=7$$

를 얻는다.

$$\therefore \ f(x)=x^3-4x^2+7x \ \Rightarrow \ f(1)=4$$

답   4

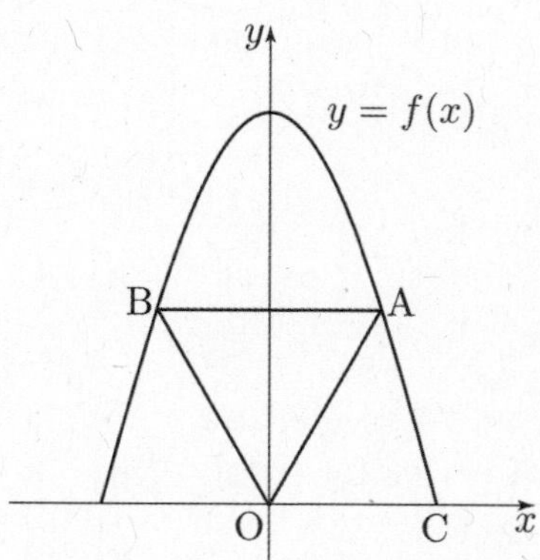

삼각형 OAB는 한 변의 길이가 1인 정삼각형이므로 위의 그림과 같이 위치한다.

따라서 점 $A\left(\frac{1}{2}, \ \frac{\sqrt{3}}{2}\right)$이므로

$$\frac{\sqrt{3}}{2}=a\cos\left(\frac{b\pi}{2}\right) \ \ \cdots\cdots\bigcirc$$

점 A에서 x축에 내린 수선의 발을 H라 하면

$$\overline{CH}=\sqrt{\overline{AC}^2-\overline{AH}^2}=\frac{1}{4}$$

점 $C\left(\frac{1}{2b}, \ 0\right)$이므로

$$\frac{1}{2}+\frac{1}{4}=\frac{1}{2b}$$에서

$$b=\frac{2}{3}$$이다.

이를 $\bigcirc$에 대입하면

$$\frac{\sqrt{3}}{2}=a\cos\frac{\pi}{3}$$이므로

$$a=\sqrt{3}$$이다.

$$\therefore \ a^2b=2$$

답   2

$$\lim_{x\to t-}\frac{x(x-t)}{f(x)}=\lim_{x\to t-}\frac{x(x-t)}{tx-7t+12} \ \ \cdots\cdots\bigcirc$$

에서 $x\to t$일 때, (분자)$\to0$이므로 $\bigcirc$의 극한값이 0이 아니면 (분모)$\to0$이다.

분모에 $x=t$를 대입하면

$$t^2-7t+12=0$$에서

$t=3$ 또는 $t=4$이다.

$t=3$일 때, 식 $\bigcirc$에서

$$\lim_{x\to3-}\frac{x(x-3)}{f(x)}=\lim_{x\to3-}\frac{x(x-3)}{3x-9}=\lim_{x\to3-}\frac{x}{3}=1$$

이고,

$t=4$일 때, 식 $\bigcirc$에서

$$\lim_{x\to4-}\frac{x(x-4)}{f(x)}=\lim_{x\to4-}\frac{x(x-4)}{4x-16}=\lim_{x\to4-}\frac{x}{4}=1$$

이다.

또한 $t\neq3, 4$일 때, $\bigcirc$의 극한값은 0이다.

따라서

$$\lim_{x \to t-} \frac{x(x-t)}{f(x)} = \begin{cases} 1 & (t=3) \\ 1 & (t=4) \\ 0 & (t \neq 3,\ 4) \end{cases} \text{ 이다.}$$

또한,

$$\lim_{x \to t+} \frac{x(x-t)}{f(x)} = \lim_{x \to t+} \frac{x(x-t)}{x(x-3)(x-k)}$$
$$= \lim_{x \to t+} \frac{x-t}{(x-3)(x-k)} \qquad \cdots\cdots \text{ⓛ}$$

에서 $x \to t$일 때, (분자)$\to 0$이므로
㉠의 극한값이 0이 아니면 (분모)$\to 0$이다.
식 ⓛ에서
$t=3$일 때,

$$\lim_{x \to 3+} \frac{x(x-3)}{f(x)} = \lim_{x \to 3+} \frac{x-3}{(x-3)(x-k)} = \lim_{x \to 3+} \frac{1}{x-k} = \frac{1}{3-k}$$

이고,
$t=k$일 때,

$$\lim_{x \to k+} \frac{x(x-k)}{f(x)} = \lim_{x \to k+} \frac{x-k}{(x-3)(x-k)} = \lim_{x \to k+} \frac{1}{x-3} = \frac{1}{k-3}$$

이다.
또한 $t \neq 3,\ k$일 때, ⓛ의 극한값은 0이다.
따라서

$$\lim_{x \to t+} \frac{x(x-t)}{f(x)} = \begin{cases} \dfrac{1}{3-k} & (t=3) \\[2mm] \dfrac{1}{k-3} & (t=k) \\[2mm] 0 & (t \neq 3,\ k) \end{cases} \text{ 이다.}$$

함수 $g(t)$를 $g(t) = \lim_{x \to t} \dfrac{x(x-t)}{f(x)}$라 하자.

(i) $g(3)$의 값이 정의되는 경우

$g(3) = \lim_{x \to 3} \dfrac{x(x-3)}{f(x)}$의 값이 존재하려면

좌극한과 우극한이 같아야 하므로

$$1 = \frac{1}{3-k} \Rightarrow k=2$$

이다.
$t = k = 2$일 때,

$$\lim_{x \to 2-} \frac{x(x-2)}{f(x)} = 0,$$

$$\lim_{x \to 2+} \frac{x(x-2)}{f(x)} = \frac{1}{k-3} = -1$$이므로

$t=2$일 때, 함수 $g(t)$의 값이 정의되지 않는다.
또한 $t=4$일 때,

$$\lim_{x \to 4-} \frac{x(x-4)}{f(x)} = 1,$$

$$\lim_{x \to 4+} \frac{x(x-4)}{f(x)} = 0$$이므로

$t=4$일 때, 함수 $g(t)$의 값이 정의되지 않는다.
또한 $t \neq 2,\ 3,\ 4$일 때, $g(t)=0$이므로
함수 $g(t)$가 정의되지 않는 모든 실수 t의 값은
$t=2$ 또는 $t=4$이다.
이는 문제의 조건을 만족시키지 않는다.

(ii) $g(4)$의 값이 정의되는 경우
$g(4)$의 값이 정의되려면

$g(4) = \lim_{x \to 4} \dfrac{x(x-4)}{f(x)}$의 값이 존재해야 한다.

그런데 $k=4$일 때,

$$\lim_{x \to 4-} \frac{x(x-4)}{f(x)} = 1,$$

$$\lim_{x \to 4+} \frac{x(x-4)}{f(x)} = \frac{1}{k-3} = 1$$이므로

$k=4$일 때, $g(4)$의 값이 정의된다.
$k=4$이면 $t=3$일 때,

$$\lim_{x \to 3-} \frac{x(x-3)}{f(x)} = 1,$$

$$\lim_{x \to 3+} \frac{x(x-3)}{f(x)} = \frac{1}{3-k} = -1$$이므로

$t=3$일 때, 함수 $g(t)$의 값이 정의되지 않는다.
또한 $t \neq 3,\ 4$일 때, $g(t)=0$이므로
함수 $g(t)$가 정의되지 않는 t의 값은 $t=3$일 때뿐이다.

(i), (ii)에서 $k=4$, $a=3$이므로
$$k^a = 4^3 = 64 \text{이다.}$$

답 64

22 해설

함수 $y = 2^x - 2$는 점근선이 $y=-2$인 증가함수이므로
$x \leq 2$에서 함수 $y = |2^x - 2|$의 그래프는 다음과 같다.

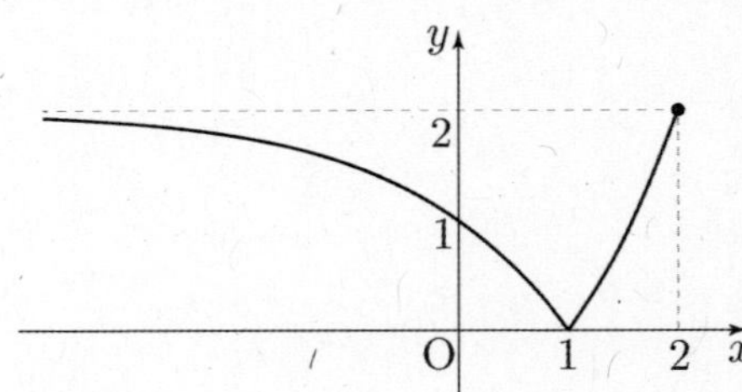

또한, 함수 $y = 4^{-x+3} - \dfrac{k}{2}$는 점근선이 $y = -\dfrac{k}{2}$인

감소함수이고

점 $\left(2,\ 4 - \dfrac{k}{2}\right)$를 지난다.

따라서

$0 < k < 4$이고 $x > 2$일 때, 함수 $y = \left|4^{-x+3} - \dfrac{k}{2}\right|$의

그래프의 개형은 다음과 같다.

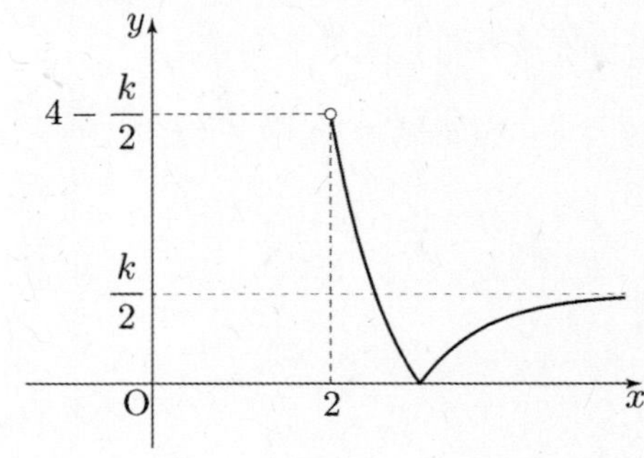

위의 그래프를 참고하면 $0 < k < 4$일 때, $g(0) = 2$이다.

$0 < k < 4$일 때, $g(3) = 0$이려면 $4 - \dfrac{k}{2} \leq 3$이어야 하므로

$2 \leq k < 4$일 때, $g(0) = 2$, $g(3) = 0$이다. $\quad\cdots\cdots$㉠

(i) $1 \leq k < 4$인 경우

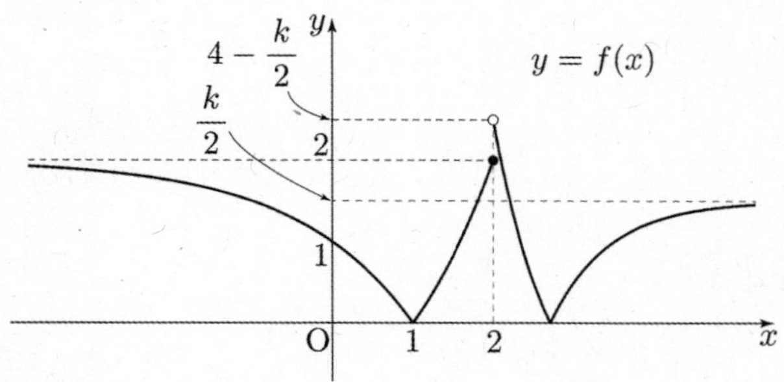

(i)-① $k = 1$인 경우

$\quad g(0) = 2$, $g(1) = 3$, $g(2) = 2$, $g(3) = 1$이므로

$\quad g(0) + g(2) = g(1) + g(3)$이다.

$\quad$따라서 $k = 1$일 때, 조건을 만족시키지 않는다.

(i)-② $2 \leq k < 4$인 경우

$\quad$㉠에 의해 $g(0) = 2$, $g(3) = 0$이므로

$\quad g(0) + g(2) < g(1) + g(3)$을 만족시키려면

$\quad g(1) - g(2) > 2$이어야 한다.

$\quad k = 2$일 때, $g(1) = 3$, $g(2) = 2$이므로 조건을

$\quad$만족시키지 않는다.

$\quad k = 3$일 때, $g(1) = 4$, $g(2) = 2$이므로 조건을

$\quad$만족시키지 않는다.

또한,

$4 < k < 8$이고 $x > 2$일 때, 함수 $y = \left| 4^{-x+3} - \dfrac{k}{2} \right|$의

그래프의 개형은 다음과 같다.

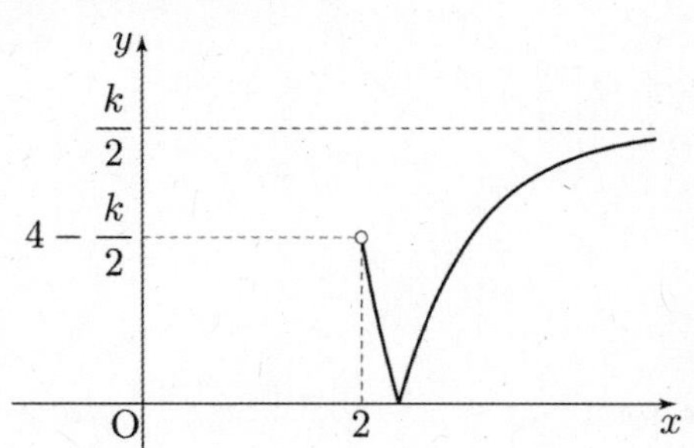

$4 < k < 8$일 때, $g(3) = 0$이려면 $\dfrac{k}{2} \leq 3$이어야 하므로

$4 < k \leq 6$일 때, $g(0) = 2$, $g(3) = 0$이다. $\quad\cdots\cdots$㉡

(ii) $4 < k < 8$인 경우

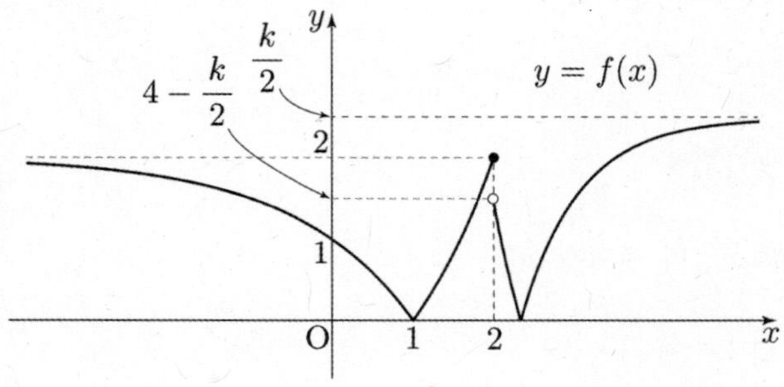

(ii)-① $4 < k \leq 6$인 경우

$\quad$㉡에 의해 $g(0) = 2$, $g(3) = 0$이므로

$\quad g(0) + g(2) < g(1) + g(3)$을 만족시키려면

$\quad g(1) - g(2) > 2$이어야 한다.

$\quad k = 5$일 때, $g(1) = 4$, $g(2) = 2$이므로 조건을

$\quad$만족시키지 않는다.

$\quad k = 6$일 때, $g(1) = 3$, $g(2) = 2$이므로 조건을

$\quad$만족시키지 않는다.

(i)-② $k = 7$인 경우

$\quad g(0) = 2$, $g(1) = 3$, $g(2) = 2$, $g(3) = 1$이므로

$\quad g(0) + g(2) = g(1) + g(3)$이다.

$\quad$따라서 $k = 7$일 때, 조건을 만족시키지 않는다.

(iii) $k = 4$인 경우

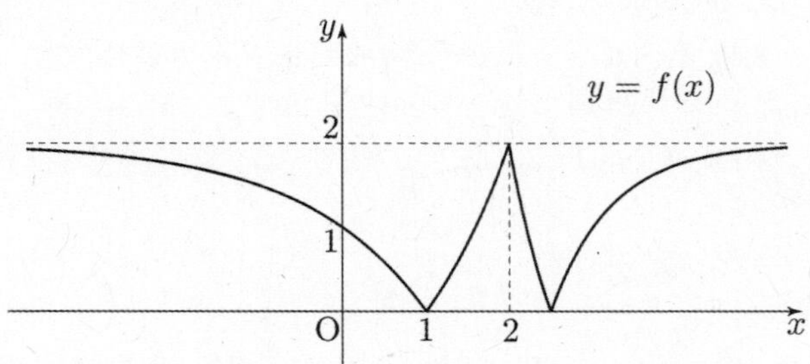

$g(0) = 2$, $g(1) = 4$, $g(2) = 1$, $g(3) = 0$이므로

$g(0) + g(2) < g(1) + g(3)$이다.

따라서 $k = 4$일 때, 조건을 만족시킨다.

또한, $k \geq 8$이고 $x > 2$일 때, 함수 $y = \left| 4^{-x+3} - \dfrac{k}{2} \right|$의

그래프의 개형은 다음과 같다.

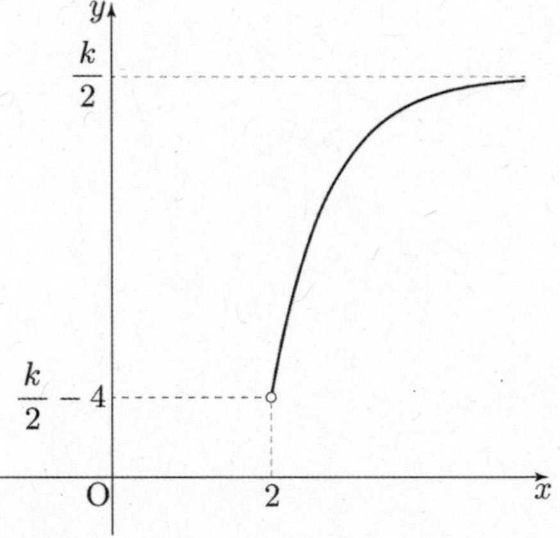

위의 그래프를 참고하면 $k \geq 8$일 때, $g(0) = 1$이다.

$k \geq 8$일 때, $g(3) = 1$이려면 $\dfrac{k}{2} - 4 < 3$이어야 하므로

$8 \leq k < 14$일 때, $g(0) = 1$, $g(3) = 1$이다. $\quad\cdots\cdots$㉢

(ⅳ) $8 \leq k < 14$인 경우

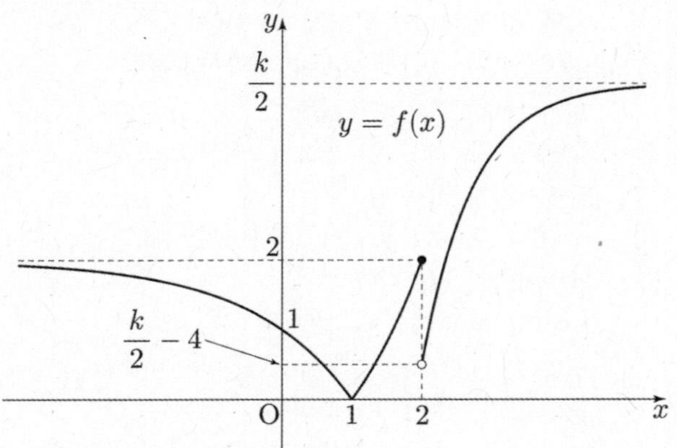

ⓒ에 의해 $g(0)=1$, $g(3)=1$이므로
$g(0)+g(2)<g(1)+g(3)$을 만족시키려면
$g(1)>g(2)$이어야 한다.
$k=8$일 때, $g(1)=3$, $g(2)=2$이므로 조건을 만족시킨다.
$k=9$일 때, $g(1)=3$, $g(2)=2$이므로 조건을 만족시킨다.
$k=10$일 때, $g(1)=2$, $g(2)=2$이므로 조건을 만족시키지
않는다.
$k=11$일 때, $g(1)=2$, $g(2)=2$이므로 조건을 만족시키지
않는다.
$k=12$일 때, $g(1)=2$, $g(2)=1$이므로 조건을 만족시킨다.
$k=13$일 때, $g(1)=2$, $g(2)=1$이므로 조건을 만족시킨다.

(ⅴ) $k \geq 14$인 경우

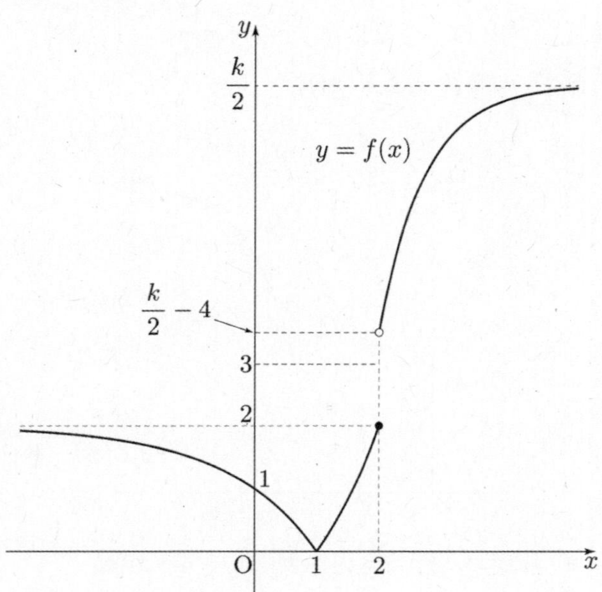

$g(0)=1$, $g(1)=2$, $g(2)=1$, $g(3)=0$이므로
$g(0)+g(2)=g(1)+g(3)$이다.
따라서 $k \geq 14$일 때, 조건을 만족시키지 않는다.

(ⅰ)~(ⅴ)를 종합하면 문제의 조건을 만족시키는 자연수
k의 값은 4, 8, 9, 12, 13이다.
∴ (모든 자연수 k의 값의 합)$=46$

답 46

23 해설

$_4\Pi_3 = 4^3 = 64$

$_4C_3 = 4$

$_4\Pi_3 + {_4C_3} = 68$

답 ③

24 해설

$$\{P(A)\}^2 + \{P(B)\}^2 = \frac{73}{144}$$

$$\{P(A)+P(B)\}^2$$
$$= \{P(A)\}^2 + \{P(B)\}^2 + 2P(A)P(B)$$
$$= \frac{121}{144}$$

$$\Rightarrow 2P(A)P(B) = \frac{1}{3}$$

이고, 두 사건 A, B가 서로 독립이므로

$$\Rightarrow P(A \cap B) = P(A)P(B) = \frac{1}{6}$$

이다.

답 ①

25 해설

선생님이 앉을 자리를 정하고$(\times 1)$, 회장이 앉을 자리를
정한 뒤에 $(\times {_2C_1})$ 나머지 4명의 사람을 앉히면 된다$(\times 4!)$.
∴ (구하는 경우의 수)$=1 \times {_2C_1} \times 4! = 48$

답 ②

26 해설

6개의 수 중 3개를 택하는 경우의 수는 $_6C_3$이고
택한 세 수의 합이 9 이하인 경우의 순서쌍은 $(1,2,3)$,
$(1,2,4)$, $(1,2,5)$, $(1,2,6)$, $(1,3,4)$, $(1,3,5)$,
$(2,3,4)$로 7개다.
답은 $\dfrac{7}{_6C_3} = \dfrac{7}{20}$이다.

답 ⑤

27 해설

신뢰구간의 길이 x는 $x = 2 \times 2 \times \dfrac{4}{\sqrt{n}}$이고,

신뢰구간은 $11 - 2 \times \dfrac{4}{\sqrt{n}} \leq m \leq 11 + 2 \times \dfrac{4}{\sqrt{n}}$

이므로 $\dfrac{8}{\sqrt{n}}=\dfrac{1}{2}$ 이다. 따라서 $n=256$, $x=1$ 이다.

$n\times x=256$ 이다.

$n>100$ 이므로 충분히 큰 n 에 대하여 표본표준편차를 모표준편차 대신 사용할 수 있다.

답 ④

28 해설

(a,b,c) 를 정하는 전체 경우의 수는

$_{11}\mathrm{P}_3=11\times10\times9=990$

i) $c<0$ 이고 $a+b>0$ 인 경우

c 는 x 의 값을 가져야 하고(1 가지)

(a,b) 는 1 에서 10 까지 중 2 개를 가지면 된다.

$p=\dfrac{1\times10\times9}{990}=\dfrac{1}{11}$

ii) $c>0$ 이고 $a+b<0$ 인 경우

(a,b) 를 정하는 경우의 수는

a,b 중 하나의 수는 x 가 되어야 하고

다른 한 수는 $|x|$ 보다 작은 수를 취해야 하므로

$2\times(|x|-1)$ 가지

c 는 나머지 양수 9 개 중 1 개를 가지면 되므로 9 가지

$p=\dfrac{2\times(|x|-1)\times9}{990}=\dfrac{|x|-1}{55}$

i), ii)에서 $\dfrac{1}{11}+\dfrac{|x|-1}{55}=\dfrac{8}{55}$

$|x|+4=8$, $|x|=4$

$x=-4\ (\because x<0)$

$x^2=16$

답 ④

29 해설

확률변수 X는 정규분포 $\mathrm{N}(m,\ 7^2)$ 을 따른다.

조건 (가)를 만족시키는 정규분포의 확률밀도함수의 그래프는 그림과 같다.

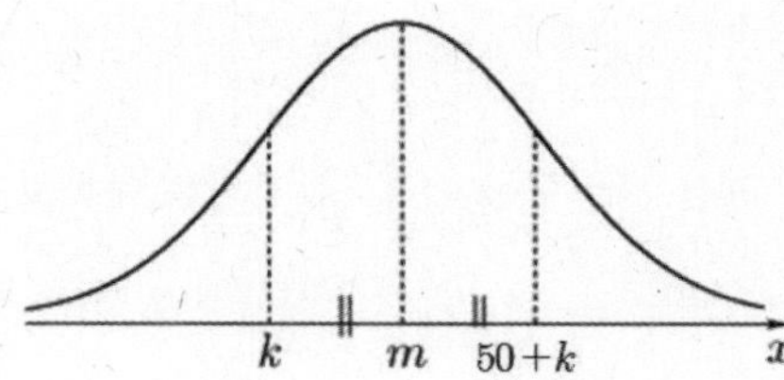

$m-k=(50+k)-m,\ k=m-25$

$\mathrm{P}(X\geq 2k)=\mathrm{P}\!\left(Z\geq\dfrac{m-50}{7}\right)=0.0228$

$0.5-\mathrm{P}\!\left(Z\geq\dfrac{m-50}{7}\right)=\mathrm{P}\!\left(0\leq Z\leq\dfrac{m-50}{7}\right)=0.4772$

$\dfrac{m-50}{7}=2$

따라서 $m=64$

답 64

30 해설

$1\leq 2n-1\leq 21$ 에서 $1\leq n\leq 11$ 이므로 1 부터 21 까지의 홀수는 $2n-1$ 꼴 (단, n 은 11 이하의 자연수)로 나타낼 수 있다.

1 회부터 4 회까지의 시행에서 꺼낸 공에 적힌 수를 차례로 $2a-1$, $2b-1$, $2c-1$, $2d-1$ (단, a, b, c, d 는 11 이하의 자연수) 이라 놓으면 조건 (가)에서

$$(2a-1)+(2b-1)+(2c-1)+(2d-1)=24$$
$$\therefore a+b+c+d=14 \qquad\cdots\bigcirc$$

조건 (나)에서 만약 꺼낸 공에 적힌 수의 최댓값이 $2M-1$, 최솟값이 $2m-1$ 이면

$(2M-1)-(2m-1)\geq 6$ 에서 $M-m\geq 3 \qquad\cdots\bigcirc\!\bigcirc$

따라서 구하는 경우의 수는 a, b, c, d 중 최댓값이 M, 최솟값이 m 일 때, $\bigcirc$, $\bigcirc\!\bigcirc$을 모두 만족시키는 11 이하의 자연수 a, b, c, d 의 모든 순서쌍 (a,b,c,d) 의 개수와 같다.

(i) $\bigcirc$에서 a, b, c, d 가 자연수이므로 경우의 수는

$$_4\mathrm{H}_{14-4}={}_4\mathrm{H}_{10}={}_{13}\mathrm{C}_3=\dfrac{13\times12\times11}{3\times2\times1}=286$$

이 경우에 $(a,b,c,d)=(1,1,1,11)$ 과 같이 $\bigcirc$을 만족하는 자연수 a, b, c, d 는 모두 11 이하가 되므로 적합하다.

(ii) $\bigcirc$의 경우 중에서 $\bigcirc\!\bigcirc$의 여사건을 생각하면 $M-m=0$ 또는 $M-m=1$ 또는 $M-m=2$ 인 경우이다.

① $M-m=0$ 인 경우는 $a=b=c=d$ 인 경우인데

$a+b+c+d=4a\neq 14$ 이므로 부적합하다.

② $M-m=1$ 인 경우

$$(a,b,c,d)=(3,3,4,4)\ 꼴\quad \dfrac{4!}{2!2!}=6\ (가지)$$

③ $M-m=2$ 인 경우

$$(a,b,c,d)=(2,4,4,4)\ 꼴\quad \dfrac{4!}{3!}=4\ (가지)$$

$$(a,b,c,d)=(3,3,3,5)\ 꼴\quad \dfrac{4!}{3!}=4\ (가지)$$

(i), (ii)에서 구하는 경우의 수는

$$286-(6+4+4)=272$$

답 272

23 해설

$$\lim_{x \to 0} \frac{e^{5x} - e^x}{\ln(x+1)} = \lim_{x \to 0} \frac{e^x(e^{4x}-1)}{\ln(x+1)}$$

$$= \lim_{x \to 0} \frac{4e^x \times \dfrac{e^{4x}-1}{4x}}{\dfrac{\ln(x+1)}{x}}$$

$$= \frac{4e^0 \times 1}{1} = 4$$

답 ④

24 해설

$$\frac{n-4}{3} < a_n < \frac{n^2+2}{3n-1}$$

에서

$$\frac{3(n-4)}{3(2n-1)} < \frac{3a_n}{2n-1} < \frac{3(n^2+2)}{(3n-1)(2n-1)}$$

$$\lim_{n \to \infty} \frac{3n^2+6}{6n^2-5n+1} = \lim_{n \to \infty} \frac{3n-8}{6n-3} = \frac{1}{2}$$

$$\therefore \lim_{n \to \infty} \frac{3a_n}{2n-1} = \frac{1}{2}$$

답 ②

25 해설

$$\lim_{n \to \infty} \frac{1}{2n} \sum_{k=1}^{n} f\left(1+\frac{3k}{n}\right) = \frac{1}{6} \int_1^4 f(x)\,dx$$

$$= \frac{1}{6} \int_1^4 \frac{1}{2\sqrt{x}}\,dx$$

$$= \frac{1}{12} \int_1^4 x^{-\frac{1}{2}}\,dx$$

$$= \frac{1}{12} \left[2x^{\frac{1}{2}} \right]_1^4$$

$$= \frac{1}{6}$$

답 ①

26 해설

$$\tan\left(x+\frac{\pi}{4}\right)\tan x = \frac{3}{2} \text{ 에서}$$

$\tan x = t$ (단, $t > 0$)라 하면

$$\frac{t+1}{1-t} \times t = \frac{3}{2}$$

식을 정리하면

$$2t^2 + 5t - 3 = 0$$

$t = \dfrac{1}{2}$, $t = -3$ 이고 $t > 0$ 이므로 $t = \dfrac{1}{2}$ 이다.

그러므로 $\tan\alpha = \dfrac{1}{2}$

$$\therefore \quad 2\tan\alpha = 2 \times \frac{1}{2} = 1$$

답 ①

27 해설

조건 (가)에 $f'(x) = \dfrac{1}{e^x}$는 적분하기 보다는 함수 $f(x)$이 미분하기 쉬운 함수라고 인지를 해야 한다.

$$\int_e^{e^2} f(\ln x)\,dx = 4e^2 - 1 - ef(1)$$

$$\int_e^{e^2} f(\ln x)\,dx$$

$$= \int_1^2 e^t f(t)\,dt \ (\because \ \ln x = t \text{로 치환})$$

$$= \left[e^t f(t) \right]_1^2 - \int_1^2 e^t \cdot f'(t)\,dt \ (\because \ \ln x = t \text{로 치환})$$

$$= e^2 f(2) - ef(1) - \int_1^2 e^t \cdot \frac{1}{e^t}\,dt$$

$$= e^2 f(2) - ef(1) - 1$$

$$= 4e^2 - 1 - ef(1)$$

$$\therefore \quad e^2 f(2) = 4e^2$$

$$\therefore \quad f(2) = 4$$

답 ④

28 해설

함수 $g(t)$가 불연속인 점을 찾기 위해 곡선 $y = f(x)$과 직선 $y = tx$가 접하게 되는 양수 t를 찾아보자. 곡선 $y = f(x)$과 직선 $y = tx$이 $x = \alpha$에서 접할 때
$$t = f'(\alpha) \text{이고} \ f(\alpha) = f'(\alpha) \times \alpha$$

$f'(x) = 3k(x-1)^2 + 1$이므로

$$k(\alpha-1)^3 + \alpha = 3k\alpha(\alpha-1)^2 + \alpha, \quad k(\alpha-1)^3 = 3k\alpha(\alpha-1)^2$$

$$\alpha = 1 \text{ 또는 } \alpha = -\frac{1}{2}$$

이다. $f'\left(-\dfrac{1}{2}\right) = 3k\left(-\dfrac{1}{2}-1\right)^2 + 1 = \dfrac{27}{4}k + 1$이고 곡선

$y = f(x)$과 직선 $y = \left(\dfrac{27}{4}k+1\right)x$의 교점을 구해보자.

$$k(x-1)^3 + x = \left(\frac{27}{4}k+1\right)x \text{에서}$$

$$k\left\{(x-1)^3 - \frac{27}{4}x\right\} = 0$$

$$k\left(x+\frac{1}{2}\right)^2(x-4) = 0$$

이므로 곡선 $y=f(x)$과 직선 $y=\left(\dfrac{27}{4}k+1\right)x$은 $x=-\dfrac{1}{2}$, $x=4$이다.

실수 t의 크기에 따라 곡선 $y=g(x)$와 직선 $y=tx$를 그려보면 아래와 같다.

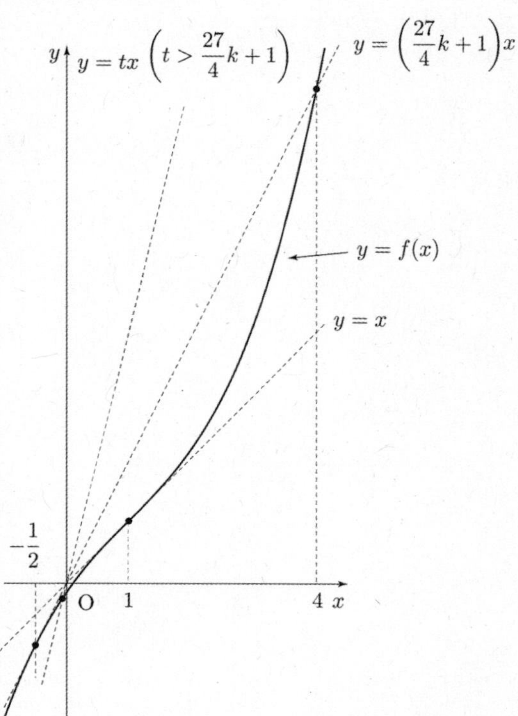

함수 $g(t)$는 $t=\dfrac{27}{4}k+1$에서만 불연속이라는 것을 알 수 있다. 모든 실수 t에 대하여 $f(g(t))=tg(t)$이므로 이를 미분하면

$$g'(t)f'(g(t))=tg'(t)+g(t), \quad \{f'(g(t))-t\}g'(t)=g(t)$$

$$g'(t)=\dfrac{g(t)}{f'(g(t))-t} \quad (f'(g(t))\neq t)$$

이다. 따라서 $t\neq\dfrac{27}{4}k+1$일 때, $g'(t)$를 정의할 수 있고 $t\neq\dfrac{27}{4}k+1$일 때,

$$\lim_{x\to0}|g(t+x)-g(t-x)|=\lim_{x\to0}\left|\dfrac{1}{g'(t+x)}-\dfrac{1}{g'(t-x)}\right|=0$$

이다. $\displaystyle\lim_{t\to\left(\frac{27}{4}k+1\right)+}f'(g(t))=\dfrac{27}{4}k+1$이고

$$\lim_{t\to\left(\frac{27}{4}k+1\right)+}g(t)=-\dfrac{1}{2} \qquad \cdots\cdots\ \text{㉠}$$

$$\lim_{t\to\left(\frac{27}{4}k+1\right)+}\dfrac{1}{g'(t)}=\lim_{t\to\left(\frac{27}{4}k+1\right)+}\dfrac{f'(g(t))-t}{g(t)}=0 \qquad \cdots\cdots\ \text{㉡}$$

이고

$$\lim_{t\to\left(\frac{27}{4}k+1\right)-}g(t)=4 \qquad \cdots\cdots\ \text{㉢}$$

$$\lim_{t\to\left(\frac{27}{4}k+1\right)-}\dfrac{1}{g'(t)}=\lim_{t\to\left(\frac{27}{4}k+1\right)-}\dfrac{f'(g(t))-t}{g(t)}$$

$$=\dfrac{f'(4)-\left(\dfrac{27}{4}k+1\right)}{4}$$

$$=\dfrac{81}{16}k \qquad \cdots\cdots\ \text{㉣}$$

이다. ㉠, ㉡, ㉢, ㉣에 의하여

$$\lim_{x\to0}\left|g\left(\left(\dfrac{27}{4}k+1\right)+x\right)-g\left(\left(\dfrac{27}{4}k+1\right)-x\right)\right|=\dfrac{9}{2}$$

$$\lim_{x\to0}\left|\dfrac{1}{g'\left(\left(\dfrac{27}{4}k+1\right)+x\right)}-\dfrac{1}{g'\left(\left(\dfrac{27}{4}k+1\right)-x\right)}\right|=\dfrac{81}{16}k$$

이므로

$$\dfrac{81}{16}k=\dfrac{9}{2}, \ k=\dfrac{8}{9}$$

이다. 따라서 $f(x)=\dfrac{8}{9}(x-1)^3+x$이고

$$f(7)=\dfrac{8}{9}\times216+7=199$$

이다.

답 ③

29 해설

등비수열 $\{a_n\}$의 공비를 r이라고 하자.

i) $r<0$인 경우

$$\dfrac{5}{19}\times\sum_{n=1}^{\infty}|a_n|\times\sum_{n=1}^{\infty}a_{2n}=a_1\times\sum_{n=1}^{\infty}|a_{3n-1}|$$

$$\dfrac{5}{19}\times\dfrac{|a_1|}{1+r}\times\dfrac{a_2}{1-r^2}=a_1\times\dfrac{|a_2|}{1+r^3}$$

$|r|<1$이므로 a_1와 a_2의 부호는 같아야 한다. 따라서

$$r>0$$

이다.

ii) $r>0$인 경우

$$\dfrac{5}{19}\times\sum_{n=1}^{\infty}|a_n|\times\sum_{n=1}^{\infty}a_{2n}=a_1\times\sum_{n=1}^{\infty}|a_{3n-1}|$$

$$\dfrac{5}{19}\times\dfrac{|a_1|}{1-r}\times\dfrac{a_2}{1-r^2}=a_1\times\dfrac{|a_2|}{1-r^3}$$

$$\dfrac{5}{19}\times\dfrac{1}{1-r}\times\dfrac{1}{1-r^2}=\dfrac{1}{1-r^3}, \ (\text{i})\text{과 같은 이유로})$$

$$\dfrac{5}{1-r^2}=\dfrac{19}{r^2+r+1}$$

$$5r^2+5r+5=19-19r^2$$

$$24r^2+5r-14=0, \ (3r-2)(8r+7)=0$$

$$r=\dfrac{2}{3} \ (\because \ r>0)$$

이다. $\left(\displaystyle\sum_{n=1}^{\infty}a_n\right)^2=5\times\sum_{n=1}^{\infty}a_{2n}-1$에서

$$\left(\frac{a_1}{1-\dfrac{2}{3}}\right)^2=5\left(\frac{\dfrac{2}{3}a_1}{1-\dfrac{4}{9}}\right)-1,\ 9{a_1}^2=6a_1-1,$$

$$(3a_1-1)^2=0$$

$$a_1=\frac{1}{3}$$

이다. 따라서

$$9(a_1+a_2)=9\left(a_1+\frac{2}{3}a_1\right)=15a_1=5$$

이다.

답 5

30 해설

$t\neq0$인 모든 실수 t에 대하여
$$h(x)=e^{2x}-te^x+t$$
라 하자. 함수 $g(x)$는 $h'(x)$ 또는 $h(x)$의 부호가 바뀔 때 극값을 가진다. 따라서 $f(t)$는 함수 $h'(\ln x)$ 또는 $h(\ln x)$의 값이 $x=s$에서 부호가 바뀌게 되는 모든 양의 실수 s의 합이다.
먼저 $h(\ln x)=0$의 양의 실근부터 구해보자.
방정식 $h(\ln x)=x^2-tx+t=0$의 판별식을 D라 할 때
$$D=t^2-4t$$
이므로

1) $t<0$일 때
방정식 $x^2-tx+t=0$은 부호가 다른 서로 다른 두 실근을 가진다.

양의 실근은 $x=\dfrac{t+\sqrt{t^2-4t}}{2}$이므로

방정식 $h(\ln x)=0$의 양의 실근은 $x=\dfrac{t+\sqrt{t^2-4t}}{2}$ 뿐이다.

2) $0<t<4$일 때
$x^2-tx+t=0$은 실근을 가지지 않으므로
방정식 $h(\ln x)=0$의 양의 실근은 없다.

3) $t=4$일 때
방정식 $h(x)=0$의 양의 실근은 $x=\ln 2$이다.

4) $t>4$일 때
$x^2-tx+t=0$은 두 양의 실근을 가진다. 따라서
방정식 $h(\ln x)=0$의 모든 양의 실근의 합은 t다.

$$h'(x)=2e^{2x}-te^x=e^x\left(e^x-\frac{t}{2}\right),\ h'(\ln x)=x\left(x-\frac{t}{2}\right)$$이다.

1) $t<0$일 때
모든 실수 x에 대하여 $h'(x)>0$이다.

2) $t>0$일 때
함수 $h'(\ln x)$는 $x=\dfrac{1}{2}t$일 때 부호가 바뀐다.

따라서 함수 $g(x)=|e^{2x}-te^x+t|$와 $h(x)=e^{2x}-te^x+t$의 그래프는 다음과 같이 경우를 나누어 볼 수 있다.

ⅰ) $t<0$일 때
함수 $g(x)=|e^{2x}-te^x+t|$, $h(x)=e^{2x}-te^x+t$의 그래프는 아래와 같다.

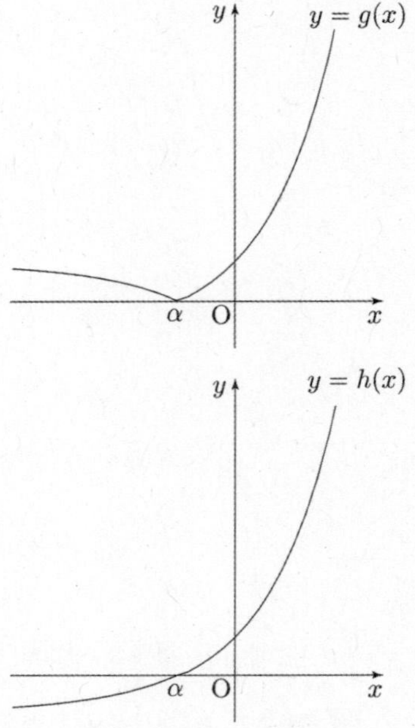

$h(x)=0$의 실근을 α라 할 때
$$\ln\alpha=\frac{t+\sqrt{t^2-4t}}{2}$$
이므로
$$t<0\text{일 때 }f(t)=\frac{t+\sqrt{t^2-4t}}{2}$$
이다.

ⅱ) $0\le t<4$일 때
함수 $g(x)=|e^{2x}-te^x+t|$, $h(x)=e^{2x}-te^x+t$의 그래프는 아래와 같다.

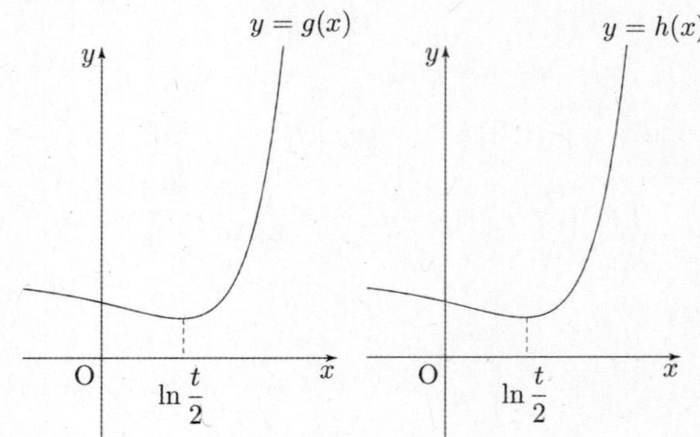

방정식 $h(x)=0$의 실근은 없으므로 방정식 $h(\ln x)=0$의 양의 실근은 없다. 또한 함수 $h'(\ln x)$는 $x=\dfrac{1}{2}t$일 때 부호가 바뀐다. 따라서

$0 \leq t < 4$일 때 $f(t) = \dfrac{1}{2}t$

이다.

iii) $t = 4$

함수 $g(x) = |e^{2x} - te^x + t|$, $h(x) = e^{2x} - te^x + t$의 그래프는
아래와 같다.

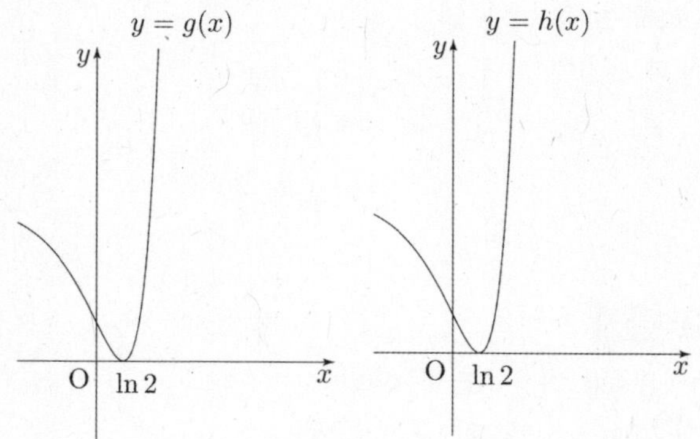

방정식 $h(\ln x) = 0$의 양의 실근은 2이며 함수 $h'(\ln x)$는
$x = 2$일 때 부호가 바뀐다. 따라서

$$f(4) = 2$$

이다.

iv) $t > 4$

함수 $g(x) = |e^{2x} - te^x + t|$, $h(x) = e^{2x} - te^x + t$의 그래프는
아래와 같다.

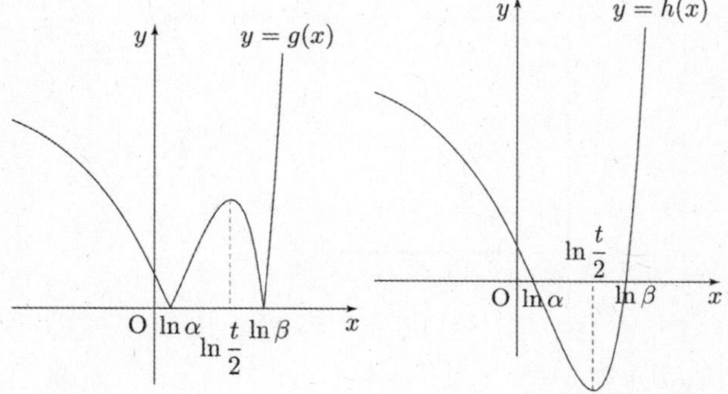

방정식 $h(\ln x) = 0$은 방정식 $x^2 - tx + t = 0$이므로 두 양의
실근을 α, β라 할 때

$$\alpha + \beta = t$$

이다. 함수 $h'(\ln x)$는 $x = \dfrac{1}{2}$일 때 부호가 바뀐다. 따라서

$$t > 4 \text{일 때 } f(t) = t + \frac{1}{2}t = \frac{3}{2}t$$

이다.

그러므로

$$f(x) = \begin{cases} \dfrac{x + \sqrt{x^2 - 4x}}{2} & (x < 0) \\[2mm] \dfrac{1}{2}x & (0 \leq x \leq 4) \\[2mm] \dfrac{3}{2}x & (x > 4) \end{cases}$$

이다. 함수 $f(x)$는 $x = 4$에서만 불연속이므로

$$\therefore a = 4$$

이며

$$\int_{-4}^{0} (x-2) f(x) dx$$

$$= \int_{-4}^{0} \left\{ \frac{1}{2}x^2 - x + \frac{1}{4}(2x - 4)\sqrt{x^2 - 4x} \right\} dx$$

$$= \left[\frac{1}{6}x^3 - \frac{1}{2}x^2 + \frac{1}{6}(x^2 - 4x)^{\frac{3}{2}} \right]_{-4}^{0}$$

$$= \frac{56}{3} - \frac{64}{3}\sqrt{2}$$

$$\int_{0}^{4} (x-2) f(x) dx = \int_{0}^{4} \left\{ \frac{1}{2}x^2 - x \right\} dx$$

$$= \left[\frac{1}{6}x^3 - \frac{1}{2}x^2 \right]_{0}^{4}$$

$$= \frac{8}{3}$$

이다.

$$\int_{-a}^{a} (x-2) f(x) dx$$

$$= \frac{64}{3} - \frac{64}{3}\sqrt{2}$$

따라서

$$\therefore p = \frac{64}{3}, \ q = -\frac{64}{3}, \ 9 \times (p - q) = 384$$

이다.

답 384

기하

23 해설

내분점 공식에 의해

$$5 = \frac{a + 6}{3} \quad \therefore a = 9$$

답 ⑤

24 해설

$\overline{PH} = 10 - 1 = 9$이므로 P 의 x 좌표는 9 이고 y 좌표는 6 이다.

$$\therefore S = \frac{1}{2} \times 9 \times 6 = 27$$

답 ①

25 해설

벡터 $\vec{n} = (1, -2)$ 에 수직이고 점 $(6, 8)$ 를 지나는 직선의
방정식은

$$(x - 6) - 2(y - 8) = 0,$$

이 직선의 x 절편은 -10, y 절편은 5 이다.

$$\therefore \text{(삼각형의 넓이)} = \frac{1}{2} \times 10 \times 5 = 25$$

답 ⑤

26 해설

점 P 에서 평면 α 에 수선의 발을 떨어뜨린 것이 점 C 이고,
점 P 에서 직선 AB 에 내린 수선의 발이 점 B 이므로
우리는 삼수선의 정리를 통해 두 직선 AB 와 BC 는
수직임을 알 수 있다.

즉, $\angle ABC = \dfrac{\pi}{2}$ 이고 직각삼각형의 외접원의 지름의 길이는
직각삼각형의 빗변의 길이과 같음을 이미 알고 있다.
즉, 선분 AC 는 원 C 의 지름이므로 $\overline{AC} = 5$,
조건을 통해 $\overline{PC} = 10$ 이고

$\therefore$ (사면체 ABCP 의 넓이)$= \dfrac{1}{3} \times \left(\dfrac{1}{2} \times 4 \times 3 \right) \times 10 = 20$

답 ②

27 해설

직선 $y = \sqrt{3}\,x$ 의 기울기가 $\sqrt{3}$ 이므로 $\angle POA = \dfrac{\pi}{3}$ 이고

조건 (가)에서 $|\overrightarrow{OP} - \overrightarrow{OA}| = |\overrightarrow{AP}| = \overline{AP} = 1$ 이고
$\overline{OA} = 1$ 이므로
삼각형 POA 는 한 변의 길이가 1 인 정삼각형이다.

그러므로 점 P 의 좌표는 $P\left(\dfrac{1}{2}, \dfrac{\sqrt{3}}{2} \right)$

조건 (나)에서 $\overrightarrow{OQ} + 3\overrightarrow{AO} = \vec{0}$, 즉 $\overrightarrow{OQ} = 3\overrightarrow{OA}$ 이므로
점 Q 의 좌표는 $Q(3, 0)$

조건 (다)의 $\overrightarrow{OP} - \overrightarrow{OA} = \dfrac{1}{3}(\overrightarrow{OR} - \overrightarrow{OQ})$ 에서

$\overrightarrow{AP} = \dfrac{1}{3}\overrightarrow{QR}$

즉, $\overrightarrow{QR} = 3\overrightarrow{AP}$ 이고 점 R 는 직선 $y = \sqrt{3}\,x$ 위의 점이므로
삼각형 ROQ 는 한 변의 길이가 3 인 정삼각형이다.

이때 삼각형 ROQ 는 정삼각형이므로 $R\left(\dfrac{3}{2}, \dfrac{3\sqrt{3}}{2} \right)$ 이다.

따라서 $a = \dfrac{3}{2}, b = \dfrac{3}{2}\sqrt{3}$ 이므로

$a^2 + b^2 = \left(\dfrac{3}{2} \right)^2 + \left(\dfrac{3}{2}\sqrt{3} \right)^2 = 9$

답 ①

28 해설

$F(c, 0)$, $F'(-c, 0)$ $(c > 0)$ 이라 하자.

직선 $F'B$ 가 원에 접하므로 $\angle BAF = \dfrac{\pi}{2}$ 이다.

$\angle AFB = \dfrac{\pi}{3}$ 이므로 특수각의 성질에 의해

$\overline{FB} = 2$, $\overline{AB} = \sqrt{3}$ 이다.
타원의 정의에 의해 $\overline{F'B} + \overline{FB} = 12$ 이므로 $\overline{F'B} = 10$ 이다.
$\overline{AB} = \sqrt{3}$ 이므로 $\overline{F'A} = 10 - \sqrt{3}$ 이다.

$\overline{AF} = 1$ 이므로 피타고라스의 정리에 의해

$$\overline{F'F}^2 = \overline{F'A}^2 + \overline{AF}^2$$
$$= (10 - \sqrt{3})^2 + 1^2$$
$$= 104 - 20\sqrt{3}$$

이다.
한편, $\overline{F'F} = 2c$ 이므로 $4c^2 = 104 - 20\sqrt{3}$ 에서
$c^2 = 26 - 5\sqrt{3}$ 이다.
타원의 성질에 의해 $a^2 + c^2 = 36$ 이므로
$a^2 = 36 - (26 - 5\sqrt{3}) = 10 + 5\sqrt{3}$ 이다.

답 ③

29 해설

직선 PH 가 직선 AH 와 수직이고
직선 l 과 직선 PA 가 수직이므로
삼수선의 정리에 의해 직선 l 과 직선 PH 는 수직이다.

따라서 $\angle HPA = \dfrac{\pi}{4}$ 이므로

삼각형 PHA 는 직각이등변삼각형이다. 즉 $\overline{PH} = \overline{HA}$ 이다.
(가)에 의해 $\overline{HA} = \overline{HB}$ 이고 $\angle BHA = \dfrac{\pi}{2}$ 이므로
삼각형 BHA 는 직각이등변삼각형이다.
(나)에 의해 $\overline{AB} = 4$ 이므로 $\overline{PH} = \overline{HA} = \overline{HB} = 2\sqrt{2}$ 이다.

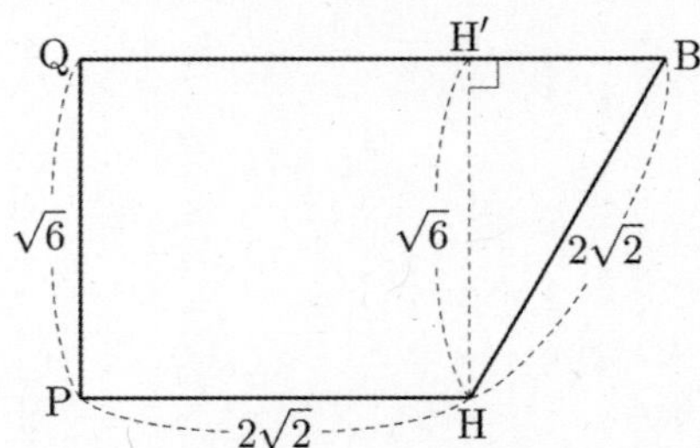

점 H 에서 선분 QB 에 내린 수선의 발을 H' 이라 하자.
이때 삼각형 PHB 의 넓이는

$$\dfrac{1}{2} \times \overline{PH} \times \overline{HH'} = \dfrac{1}{2} \times 2\sqrt{2} \times \sqrt{6} = 2\sqrt{3}$$

이다.

한편, 삼각형 H'BH 에서 피타고라스의 정리를 사용하면
$\overline{H'B} = \sqrt{2}$ 를 얻는다.
따라서 삼각형 QBP 에서 피타고라스의 정리를 사용하면
$\overline{PB} = 2\sqrt{6}$ 을 얻는다.

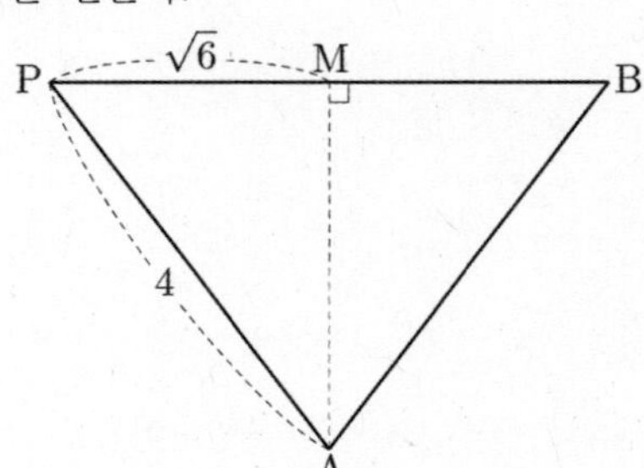

선분 PB 의 중점을 M 이라 하자.

- 14 -

$\overline{PA}=\overline{AB}=4$ 이므로 두 직선 PB와 AM은 수직이다. 이때 피타고라스의 정리에 의해 $\overline{AM}=\sqrt{10}$ 이므로 삼각형 PAB의 넓이는 $2\sqrt{15}$ 이다.

따라서 $\cos\theta$ 의 값은

$$\frac{(\text{삼각형 PHB의 넓이})}{(\text{삼각형 PAB의 넓이})}=\frac{1}{\sqrt{5}}$$ 이므로

$\cos^2\theta=\dfrac{1}{5}$ 이다. $p=5$, $q=1$ 에서 $p+q=6$ 이다.

답 6

30 해설

두 점 A , B 의 중점을 M , 두 점 C , D 의 중점을 N 이라 하자.

$$\overrightarrow{PA}\cdot\overrightarrow{PB}=(\overrightarrow{PM}+\overrightarrow{MA})\cdot(\overrightarrow{PM}+\overrightarrow{MB})$$
$$=|\overrightarrow{PM}|^2+\overrightarrow{PM}\cdot(\overrightarrow{MA}+\overrightarrow{MB})+\overrightarrow{MA}\cdot\overrightarrow{MB}$$
$$=|\overrightarrow{PM}|^2-\frac{1}{4}$$ 이고

$$\overrightarrow{PC}\cdot\overrightarrow{PD}=|\overrightarrow{PN}|^2-\frac{1}{4}$$ 이므로

$|\overrightarrow{PM}|=|\overrightarrow{PN}|$ 이다.

따라서 점 P 는 선분 MN 의 수직이등분선 위의 점이다. 이를 그림으로 나타내면 다음과 같다.

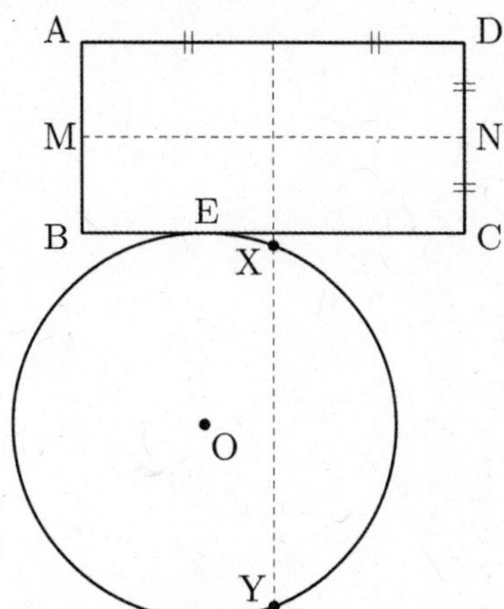

선분 MN 의 수직이등분선과 원 C 의 교점을 각각 X , Y 라 하자. $(\overline{BX}<\overline{BY})$

선분 AC 의 중점을 L 이라 하면

$$\overrightarrow{AP}\cdot\overrightarrow{CP}=(\overrightarrow{AL}+\overrightarrow{LP})\cdot(\overrightarrow{CL}+\overrightarrow{LP})$$
$$=|\overrightarrow{LP}|^2-|\overrightarrow{AL}|^2$$
$$=|\overrightarrow{LP}|^2-\frac{5}{4}\quad(\because\ \overline{AC}=\sqrt{5}\ )$$

이고 조건 (나)에 의해 $\overrightarrow{AP}\cdot\overrightarrow{CP}\geq 1$ 이므로

$|\overrightarrow{LP}|^2\geq\dfrac{9}{4}$ 이므로 $|\overrightarrow{LP}|\geq\dfrac{3}{2}$ 이다.

점 P 가 점 X 인 경우 주어진 조건을 만족시키지 않으므로 점 P 는 점 Y 이다.

직선 XY 와 선분 BC 의 교점을 H 라 하자.

$$\overrightarrow{AC}\cdot\overrightarrow{BP}=(\overrightarrow{AD}+\overrightarrow{DC})\cdot(\overrightarrow{BH}+\overrightarrow{HP})$$
$$=\overrightarrow{AD}\cdot\overrightarrow{BH}+\overrightarrow{DC}\cdot\overrightarrow{HP}$$
$$=2\times 1+1\times|\overrightarrow{HP}|$$

이고 선분 XY 의 중점을 Z 라 할 때,

$$|\overrightarrow{ZY}|=\sqrt{1^2-\left(\frac{1}{3}\right)^2}=\frac{2\sqrt{2}}{3}$$ 이므로

$$|\overrightarrow{HP}|=|\overrightarrow{HZ}|+|\overrightarrow{ZY}|=1+\frac{2\sqrt{2}}{3}$$ 이다.

따라서 $\overrightarrow{AC}\cdot\overrightarrow{BP}=2+\left(1+\dfrac{2\sqrt{2}}{3}\right)=3+\dfrac{2}{3}\sqrt{2}$ 이므로

$$90(a+b)=90\left(3+\frac{2}{3}\right)=270+60=330$$ 이다.

답 330

공부플렉스 수학 모의고사 PRE 수능 2회 해설지

공통 수학1+수학2						확률과 통계		미적분		기하	
1	②	11	②	21	69	23	②	23	②	23	①
2	④	12	③	22	367	24	④	24	①	24	②
3	①	13	②			25	③	25	③	25	④
4	⑤	14	④			26	④	26	①	26	①
5	②	15	④			27	①	27	①	27	⑤
6	①	16	4			28	①	28	①	28	③
7	⑤	17	9			29	237	29	42	29	5
8	②	18	13			30	65	30	65	30	17
9	③	19	12								
10	②	20	5								

공통 수학1+수학2

1 해설

$$27^{\frac{1}{3}} = \left(3^3\right)^{\frac{1}{3}} = 3^{3 \times \frac{1}{3}} = 3$$

$$4^{\frac{1}{2}} = \left(2^2\right)^{\frac{1}{2}} = 2^{2 \times \frac{1}{2}} = 2$$

$$9^{\frac{1}{2}} = \left(3^2\right)^{\frac{1}{2}} = 3^{2 \times \frac{1}{2}} = 3$$

$$\therefore \ 27^{\frac{1}{3}} \times 4^{\frac{1}{2}} \div 9^{\frac{1}{2}} = 3 \times 2 \div 3 = 2$$

답 ②

2 해설

$$\lim_{x \to \infty} \frac{4x^2 - 3x - 1}{x^2 - 1} = \lim_{x \to \infty} \frac{4 - \dfrac{3}{x} - \dfrac{1}{x^2}}{1 - \dfrac{1}{x^2}} = 4$$

답 ④

3 해설

$f(x) = 2x^3 + 6x^2 + 10x + a$ 에서

$f'(x) = 6x^2 + 12x + 10$

함수 $f(x)$ 의 그래프 위의 점 $(b, 5)$ 에서의 접선의
기울기가 4 이므로 $f'(b) = 6b^2 + 12b + 10 = 4$ 에서

$6(b+1)^2 = 0$

이므로

$b = -1$

이때 점 $(b, 5)$, 즉 $(-1, 5)$ 가 곡선 $y = f(x)$ 위의
점이므로 $f(-1) = -2 + 6 - 10 + a$

$$= a - 6 = 5$$

에서 $a = 11$

따라서 $a + b = 11 - 1 = 10$

답 ①

4 해설

$\cos(\pi + x) = -\cos x$, $\cos\left(\dfrac{\pi}{2} + x\right) = \sin x$ 이므로

$$f(x) = 2\cos(\pi + x) + \cos^2\left(\frac{\pi}{2} + x\right)$$

$$= -2\cos x + \sin^2 x$$

$$= -2\cos x + (1 - \cos^2 x)$$

$$= -(\cos x + 1)^2 + 2$$

이때 $-1 \le \cos x \le 1$ 이므로
함수 $f(x)$ 는 $\cos x = -1$ 일 때 최댓값 2 를 갖는다.

답 ⑤

5 해설

등비수열 $\{a_n\}$ 의 공비를 r 라 하면 모든 항이 양수이므로
$r > 0$ 이다.

$\dfrac{a_5}{a_3} = \dfrac{1}{9}$ 에서 $r^2 = \dfrac{1}{9}$ $\qquad \therefore \ r = \dfrac{1}{3}$

$\dfrac{a_5 - 1}{a_4} = \dfrac{1}{9}$ 에서

$a_5 - 1 = \dfrac{1}{9} a_4$ $\qquad \cdots \ \bigcirc$

$a_5 = a_4 \times r = \dfrac{1}{3} a_4$ 이므로 $\bigcirc$에서

$\dfrac{1}{3} a_4 - 1 = \dfrac{1}{9} a_4$, $a_4 = \dfrac{9}{2}$

따라서 a_6 의 값은

$$a_6 = a_4 \times r^2 = \frac{9}{2} \times \frac{1}{9} = \frac{1}{2}$$

답 ②

6 해설

$3^{x+2} + 3^{-x+2} - 82 < 0$ 의 양변에 3^x 을 곱하면

$3^{2x+2} - 82 \times 3^x + 9 < 0$

$9 \times 3^{2x} - 82 \times 3^x + 9 < 0$

$3^x = t$ 라 하면 $t > 0$ 이고

$9t^2 - 82t + 9 < 0$, $(9t - 1)(t - 9) < 0$

$\dfrac{1}{9} < t < 9$

즉, $3^{-2} < 3^x < 3^2$, $-2 < x < 2$
따라서 조건을 만족하는 정수 x 는 $-1, 0, 1$ 으로 3 개다.

답 ①

7 해설

두 곡선 $y = x^4$, $y = 4x^3 - 4x^2$ 의 교점을 구해보면
$$x^4 = 4x^3 - 4x^2 \iff x^2(x-2)^2 = 0$$
이므로 $x = 0$, $x = 2$ 에서 두 곡선이 만난다.
따라서 두 곡선 $y = x^4$, $y = 4x^3 - 4x^2$ 으로 둘러싸인
부분의 넓이는
$$\int_0^2 |x^4 - 4x^3 + 4x^2| \, dx = \left[\frac{x^5}{5} - x^4 + \frac{4}{3}x^3 \right]_0^2$$
$$= \frac{32}{5} - 16 + \frac{32}{3} = \frac{16}{15}$$
이다.

답 ⑤

8 해설

$y = f(x)$ 와 $y = x - 2$ 가 만나는 두 점의 x 좌표가 2 와
3 이므로
$$f(x) - (x-2) = 2(x-2)(x-3)$$
즉 $f(x) = (x-2)(2x-5)$ 이고
$$f\left(x + \frac{1}{2}\right) = (2x-3)(x-2)$$
따라서
$$\lim_{x \to 2} \frac{f(x)}{f\left(x + \frac{1}{2}\right)} = \lim_{x \to 2} \frac{(x-2)(2x-5)}{(2x-3)(x-2)}$$
$$= \lim_{x \to 2} \frac{2x-5}{2x-3}$$
$$= -1$$

답 ②

9 해설

$f(x) = 2g(x)$
$\Rightarrow x^3 + x^2 - 3x - k = 2(2x^2 + 3x - 15)$
$\Rightarrow x^3 - 3x^2 - 9x + 30 = k$
$h(x) = x^3 - 3x^2 - 9x + 30$ 이라 하면
$h'(x) = 3x^2 - 6x - 9 = 3(x-3)(x+1)$ 이고 이를 이용하여
함수 $h(x)$ 의 그래프를 그리면 다음과 같다.

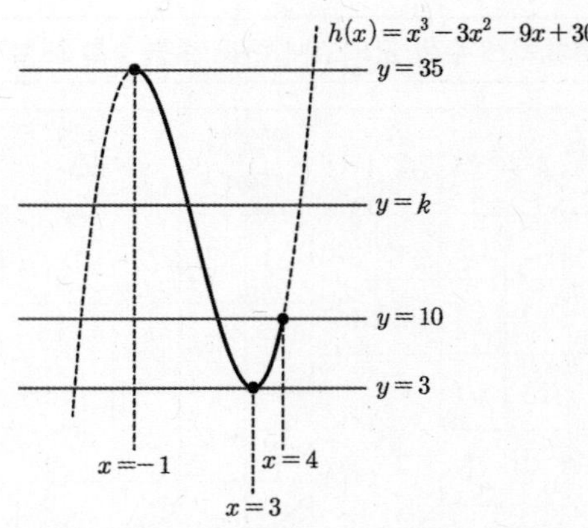

방정식 $f(x) = 2g(x)$ 가 닫힌 구간 $[-1, 4]$ 에서 오직
한 개의 실근을 갖도록 하는 모든 정수 k 는
$k = 3$, $k = 11$, $k = 12$, $\cdots$, $k = 35$ 이므로
26 개다.

답 ③

10 해설

$\sum\limits_{k=1}^{n} (k+1)a_k = n \times 2^n + 6$ 에서
$n = 1$ 일 때, $2a_1 = 8 \Rightarrow a_1 = 4$
$n \geq 2$ 일 때,
$(n+1)a_n = (n \times 2^n - 6) - \{(n-1) \times 2^{n-1} - 6\}$
$\qquad\quad = (n+1) \times 2^{n-1}$ 이므로
$a_n = 2^{n-1}$ $(n \geq 2)$ 이다.
$$\sum_{n=1}^{8} (\log_2 a_n)^2 = (\log_2 a_1)^2 + \sum_{n=2}^{8} (\log_2 2^{n-1})^2$$
$$= 4 + \sum_{n=2}^{8} (n-1)^2$$
$$= 4 + \sum_{n=1}^{7} n^2$$
$$= 4 + \frac{7 \times 8 \times 15}{6} = 144$$

답 ②

11 해설

$\cos^2 \dfrac{\pi}{2n}x = 1 - \sin^2 \dfrac{\pi}{2n}x$ 을 문제의 부등식에 대입하면,
$$2\left(1 - \sin^2 \frac{\pi}{2n}x\right) \geq -3\sin \frac{\pi}{2n}x + 3$$
$$2\sin^2 \frac{\pi}{2n}x - 3\sin \frac{\pi}{2n}x + 1 \leq 0$$
$$\left(\sin \frac{\pi}{2n}x - 1\right)\left(2\sin \frac{\pi}{2n}x - 1\right) \leq 0$$
으로 $\dfrac{1}{2} \leq \sin \dfrac{\pi}{2n}x \leq 1$
$\dfrac{\pi}{6} \leq \dfrac{\pi}{2n}x \leq \dfrac{5}{6}\pi$, $\dfrac{n}{3} \leq x \leq \dfrac{5n}{3}$ 에서

$x \le n$이므로 $\dfrac{n}{3} \le x \le n$ 이어야한다.

적당히 대입해보면 조건을 만족하는 자연수 x의 개수가 7개가 되도록 하는 n은 $9, 10$이다.

$$\therefore\quad 9 + 10 = 19$$

답 ②

12 해설

$g(t) = \dfrac{f(t+3)-f(t)}{3}$ 이며

$$g'(t) = \dfrac{f'(t+3)-f'(t)}{3}$$

이므로

$$g'(2) = \dfrac{f'(5)-f'(2)}{3} = 0 \ , \ g(2) = \dfrac{f(5)-f(2)}{3} = 3$$

이다.

$$f'(2) = f'(5) \ , \ f(5) - f(2) = 9$$

이다. $f'(2) = f'(5)$ 이며 함수 $f'(x)$ 는 최고차항의 계수가 3 인 이차함수이므로

$$f'(x) = 3(x-2)(x-5) + a \quad (a \text{ 는 상수})$$

라 할 수 있다.

$$f'(x) = 3(x-2)^2 - 9(x-2) + a$$

이므로

$$f(5) - f(2) = \int_2^5 f'(t)dt = 9$$

이므로

$$9 = \int_2^5 \left\{ 3(t-2)^2 - 9(t-2) + a \right\} dt$$

$$= \left[(t-2)^3 - \dfrac{9}{2}(t-2)^2 + a(t-2) \right]_2^5$$

$$= 27 - \dfrac{81}{2} + 3a = 3a - \dfrac{27}{2}$$

$$\therefore\quad a = \dfrac{15}{2}$$

이다. 또한 $= \displaystyle\int_2^3 \left\{ 3(t-2)^2 - 9(t-2) + \dfrac{15}{2} \right\} dt$

$$f(3) - f(2) = \left[(t-2)^3 - \dfrac{9}{2}(t-2)^2 + \dfrac{15}{2}(t-2) \right]_2^3$$

$$= 4$$

이며 $f(3) = 2$ 이므로

$$\therefore\quad f(2) = -2$$

이다.

답 ③

13 해설

등차수열 $\{a_n\}$의 공차가 -1 이하이므로 $a_4 \ge 2$이면 4 이하의 모든 자연수 n에 대하여 $a_n \ge 2$

$$\sum_{k=1}^4 |a_k - 2| = \sum_{k=1}^4 a_k - 8 = \sum_{k=1}^4 a_k + 16$$

이므로 (가) 조건에 모순이다.

따라서

$$a_4 < 2$$

이다.

$a_n < 2$를 만족시키는 자연수 n의 최솟값을

$$m \ (m \le 4) \quad \cdots\cdots \ \bigcirc$$

이라 하고 (가) 조건을 정리하면

$$(\text{좌변}) = \sum_{k=1}^4 |a_k - 2| = \sum_{k=1}^{m-1} (a_k - 2) + \sum_{k=m}^4 (2 - a_k)$$

$$= \sum_{k=1}^{m-1} a_k - \sum_{k=m}^4 a_k - 4m + 12$$

$$(\text{우변}) = \sum_{k=1}^{m-1} a_k + \sum_{k=m}^4 a_k + 16 \ \Rightarrow \ \sum_{k=m}^4 a_k = -2m - 2 \quad \cdots\cdots \ \bigcirc\bigcirc$$

이다. 이때, $m \le 4$이므로 m의 값에 따라 경우를 나눠보자.

(i) $m = 4$인 경우

$\bigcirc\bigcirc$에서 $a_4 = -10$이고

$\bigcirc$에서 $a_1 \ge 2, \ a_2 \ge 2, \ a_3 \ge 2$이므로

(나) 조건을 정리하면

$$a_1 + a_2 + a_3 - 6 = a_1 + a_2 + a_3$$

이고 이는 성립하지 않는다.

(ii) $m = 3$인 경우

$\bigcirc\bigcirc$에서 $a_3 + a_4 = -8$이고

$\bigcirc$에서 $a_1 \ge 2, \ a_2 \ge 2, \ a_3 < 2$이므로

(나) 조건을 정리하면

$$a_1 + a_2 - a_3 - 2 = a_1 + a_2 + |a_3|$$

$$\Rightarrow \ -a_3 - 2 = |a_3|$$

$a_3 < 0$이면 성립하지 않고

$a_3 \ge 0$이라 하면 $a_3 = -1, \ a_4 = -7$이므로 모순이다.

(iii) $m = 2$인 경우

$\bigcirc\bigcirc$에서 $a_2 + a_3 + a_4 = -6 \ \Rightarrow \ a_1 + 2d = -2 \quad \cdots\cdots \ \bigcirc\bigcirc\bigcirc$

$\bigcirc$에서 $a_1 \ge 2, \ a_2 < 2, \ a_3 < 2$ 이므로

(나) 조건을 정리하면

$$a_1 - a_2 - a_3 + 2 = a_1 + |a_2| + |a_3|$$

$$\Rightarrow \ 2 - (a_2 + a_3) = |a_2| + |a_3|$$

(iii)-① $0 \le a_2 < 2, \ 0 \le a_3 < 2$인 경우

$$2 - (a_2 + a_3) = a_2 + a_3$$

$$\Rightarrow \ a_2 + a_3 = 1$$

$$\Rightarrow \ 2a_1 + 3d = 1 \quad \cdots\cdots \ @$$

$\bigcirc\bigcirc\bigcirc$과 $@$을 연립하면 $d = -5$,

$a_1 = 8$이므로

$a_2 = 3$인데 이는 $a_2 < 2$임에 모순이다.

(ⅲ)-② $0 \leq a_2 < 2$, $a_3 < 0$인 경우

$$2 - (a_2 + a_3) = a_2 - a_3$$
$$\Rightarrow a_2 = 1$$
$$\Rightarrow a_1 + d = 1 \cdots\cdots ⓜ$$

ⓒ과 ⓜ을 연립하면 $d = -3$,
$a_1 = 4$이고
$a_2 = 1$, $a_3 = -2$, $a_4 = -5$
이므로 문제의 조건을 모두
만족시킨다.
$$\therefore \ a_n = -3n + 7$$

(ⅳ) $m = 1$인 경우
ⓛ에서 $a_1 + a_2 + a_3 + a_4 = -4 \Rightarrow 2a_1 + 3d = -2 \ \cdots\cdots ⓗ$
ⓞ에서 $a_1 < 2$, $a_2 < 2$, $a_3 < 2$ 이므로
(나) 조건을 정리하면
$6 - a_1 - a_2 - a_3 = |a_1| + |a_2| + |a_3|$이다.
문제의 조건에서 $d \leq -1$이므로
$0 \leq a_1 < 2$, $0 \leq a_2 < 2$, $0 \leq a_3 < 2$일 수 없고
a_1, a_2, a_3가 모두 음수이면
$6 - a_1 - a_2 - a_3 = -a_1 - a_2 - a_3$이므로 성립하지 않는다.

(ⅳ)-① $0 \leq a_1 < 2$, $0 \leq a_2 < 2$, $a_3 < 0$인 경우
$$6 - a_1 - a_2 - a_3 = a_1 + a_2 - a_3$$
$$\Rightarrow a_1 + a_2 = 3$$
$$\Rightarrow 2a_1 + d = 3 \ \cdots\cdots ⓢ$$

ⓗ과 ⓢ을 연립하면 $d = -\dfrac{5}{2}$,

$a_1 = \dfrac{11}{4}$이므로

$0 \leq a_1 < 2$임에 모순이다.

(ⅲ)-② $0 \leq a_1 < 2$, $a_2 < 0$, $a_3 < 0$인 경우
$$6 - a_1 - a_2 - a_3 = a_1 - a_2 - a_3$$
$$\Rightarrow a_1 = 3$$
이는 $0 \leq a_1 < 2$임에 모순이다.

따라서 $a_n = -3n + 7$이므로
$|a_{12}| = 29$이다.

답 ②

14 해설

$\angle ACD = \theta$라 하면
원과 접선의 성질에 의하여
$\angle DBC = \theta$이다.
또한, 문제의 조건에서
$$\cos(\angle DBC) = \cos(\angle DCB) = \frac{\sqrt{6}}{4} \text{이므로}$$
$\angle DCB = \theta$이다.

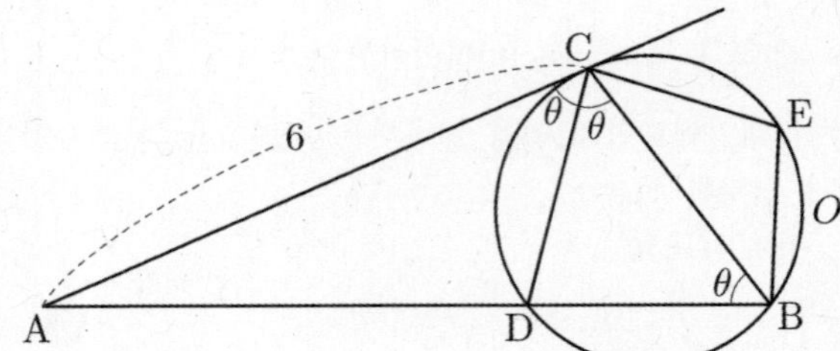

따라서 $\overline{BD} = \overline{CD}$이므로
$\overline{BD} = \overline{CD} = k$로 놓으면
$$\cos(\angle DBC) = \frac{\sqrt{6}}{4} \text{이므로}$$
삼각형 BCD에서 코사인법칙에 의해
$$k^2 = \overline{BC}^2 + k^2 - 2 \times \overline{BC} \times k \times \frac{\sqrt{6}}{4}$$
$$\Rightarrow \overline{BC}\left(\overline{BC} - \frac{\sqrt{6}}{2}k\right) = 0$$
$$\Rightarrow \overline{BC} = \frac{\sqrt{6}}{2}k$$
삼각형 ABC와 삼각형 ACD가 닮음이므로
$\overline{AC} : \overline{BC} = \overline{AD} : \overline{CD}$에서
$$6 : \frac{\sqrt{6}}{2}k = \overline{AD} : k$$
$$\Rightarrow \overline{AD} = 2\sqrt{6}$$
또한,
$\overline{AC} : \overline{AB} = \overline{AD} : \overline{AC}$이므로
$$6 : (k + 2\sqrt{6}) = 2\sqrt{6} : 6$$
$$\Rightarrow k = \sqrt{6}$$
$$\therefore \ \overline{BD} = \overline{CD} = \sqrt{6}, \ \overline{BC} = 3$$
삼각형 BCD의 외접원과 삼각형 BEC의 외접원은
원 O로 같고
$2\sin(\angle BDC) = 3\sin(\angle CBE)$이므로
삼각형 원 O의 반지름의 길이를 R라 하면 사인법칙에 의해
$$\frac{2\overline{BC}}{2R} = \frac{3\overline{CE}}{2R} \text{에서}$$
$\overline{CE} = 2$이다.
$\angle BDC = \alpha$라 하면
삼각형 BCD에서 코사인법칙에 의해
$$3^2 = (\sqrt{6})^2 + (\sqrt{6})^2 - 2 \times \sqrt{6} \times \sqrt{6} \times \cos\alpha$$
$$\Rightarrow \cos\alpha = \frac{1}{4}$$
$\angle BEC = \pi - \alpha$이므로
$$\cos(\angle BEC) = -\frac{1}{4}$$
이다.
따라서 삼각형 BEC에서 코사인법칙에 의해
$$3^2 = 2^2 + \overline{BE}^2 - 2 \times 2 \times \overline{BE} \times \left(-\frac{1}{4}\right)$$
$$\Rightarrow \overline{BE}^2 + \overline{BE} - 5 = 0$$
$$\Rightarrow \overline{BE} = \frac{-1 + \sqrt{21}}{2} \ (\because \ \overline{BE} > 0)$$

답 ④

$g(0)=2$에서 $\displaystyle\int_0^{f(x)} f(t)dt=0$을 만족하는 실수 x의 개수는 2개다.

$\displaystyle\int_0^0 f(t)dt=0$이므로 방정식 $f(x)=0$의 서로 다른 실근의 개수는 2개 이하다.

i) 방정식 $f(x)=0$의 서로 다른 실근의 개수가 1개일 때 $F(x)=\displaystyle\int_0^x f(t)dt$라 하자. 이 때, $F'(x)=f(x)$이다.

$$\int_k^{f(x)} f(t)dt=F(f(x))-F(k)$$

이다.

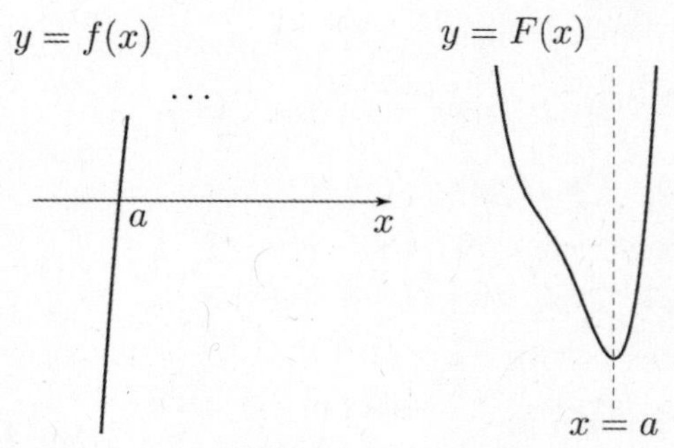

$f(a)=0$이라 하자. $a=0$이라면 방정식 $F(x)-F(0)=0$의 실근이 1개이고 $F(f(x))-F(0)=0$의 실근도 1개가 되어 $g(0)=1$이 된다. 따라서

$$a \neq 0$$

이다. $g(0)=2$가 되려면

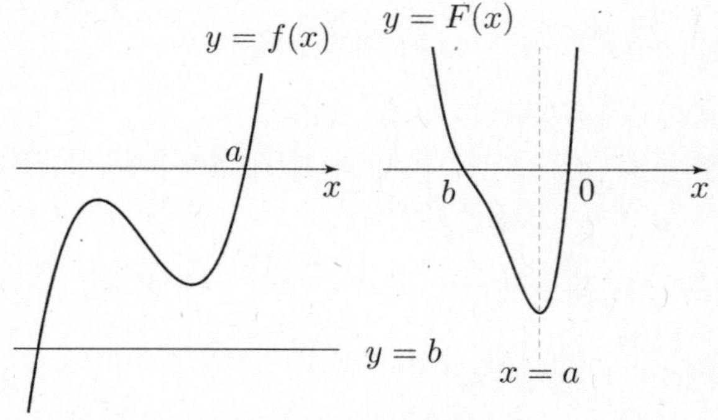

$F(x)=0$의 0이 아닌 해 b에 대하여 $f(x)=b$의 실근이 1개여야 한다.

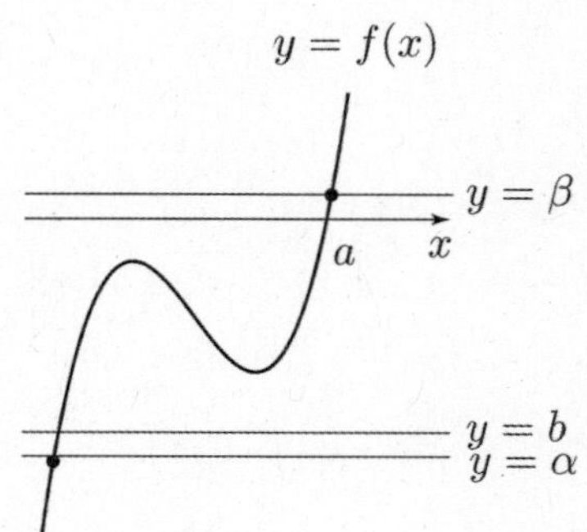

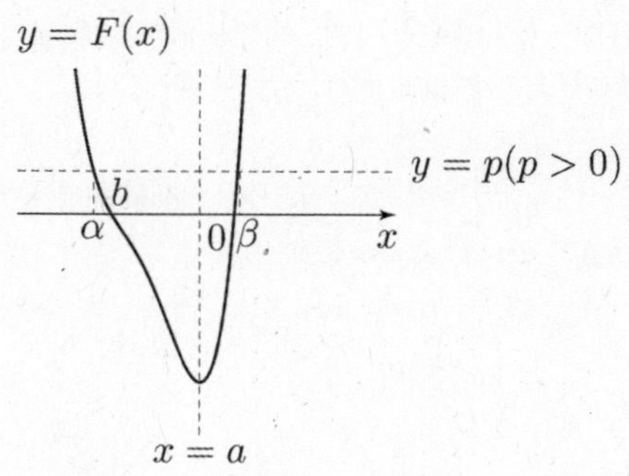

그러나 이 경우 $\displaystyle\lim_{x\to 0+} g(x)=2$이다.

($b>0$인 경우도 같은 방식으로 쉽게 확인할 수 있다.)

ii) 방정식 $f(x)=0$의 서로 다른 실근의 개수가 2개일 때 $F(x)=0$의 실근이 2개 즉, 0과 α를 가진다고 가정해보자.

$$\int_0^{f(x)} f(t)dt=0 \iff F(f(x))=0 \iff f(x)=0 \text{ 또는}$$

$f(x)=\alpha$

이다. 방정식 $f(x)=0$의 실근이 2개, 방정식 $f(x)=\alpha$의 실근이 적어도 1개 이므로 $g(0)\geq 3$이다. 따라서 $F(x)=0$의 실근이 1개다.

이를 만족하려면 아래와 같이 $f(x)=kx(x-a)^2$ $(k>0,$ $a \neq 0)$꼴이여야 한다.

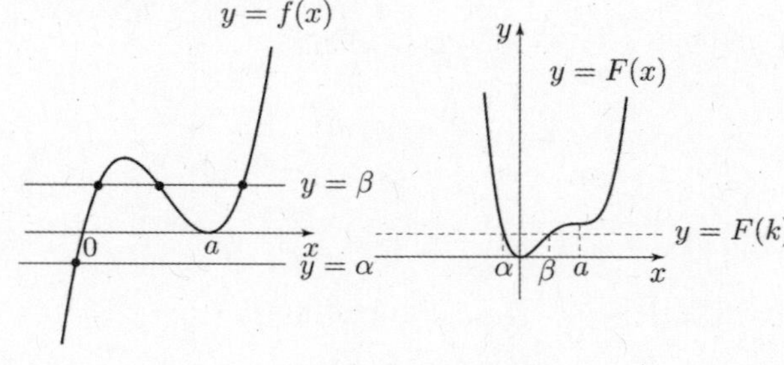

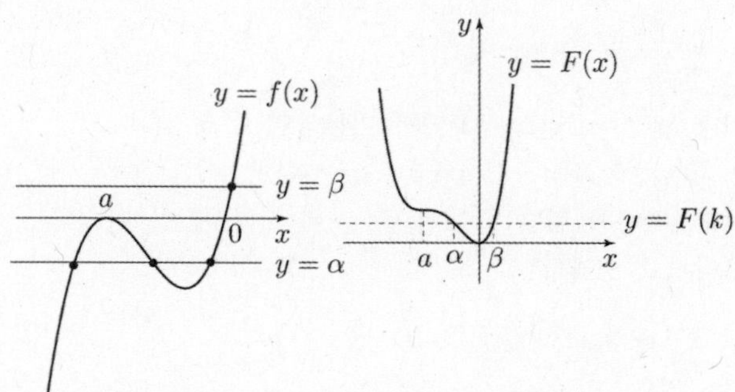

이 경우 위 그림에서 볼 수 있듯이

$$\lim_{x\to 0} g(x)=4$$

임을 알 수 있다.

함수 $F(x)$는 $x=0$에서 단 하나의 극값을 가진다. 따라서 $k \neq 0$일 때 방정식 $F(x)=F(k)$은 하나의 양의 실근과 하나의 음의 실근을 가진다.

$g(k)=3$라 하자. 방정식 $F(x)=F(k)$의 실근을 $x=k$, $x=k'(k \neq k')$라 할 때 방정식 $f(x)=k$의 실근의 개수와

방정식 $f(x)=k'$ 의 합이 3이 되어야 한다. 또한
$F(k)=F(k')$ 이므로 $g(k)=g(k')=3$ 이다.

(나)의 조건에서 방정식 $F(x)=F(a)$ 의 실근이 $x=a$,
$x=-1$ 이고 방정식 $f(x)=a$ 의 실근의 개수와 방정식
$f(x)=-1$ 의 개수의 합이 3이 되는 것을 알 수 있다.

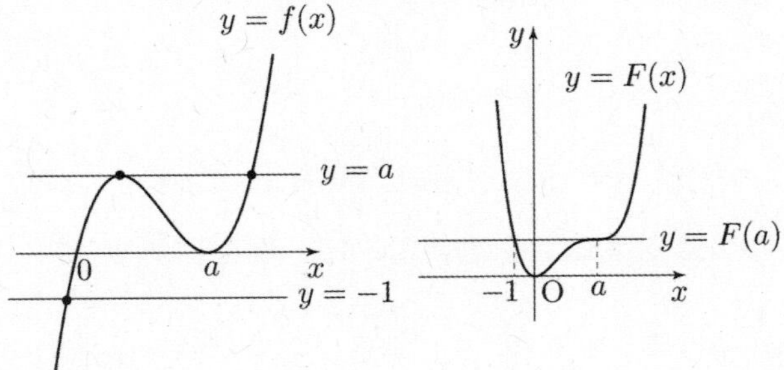

다시 정리하면
1) 함수 $f(x)$ 는 $f(x)=kx(x-a)^2 \ (k>0)$ 꼴이며
2) $F(x)=F(a)$ 의 두 실근이 $x=a$, $x=-1$ 이다.
$a>-1$ 이므로
3) $f(x)$ 의 극댓값이 a 이다.

2)에서 $F(a)=F(-1)$ 이므로 $\displaystyle\int_{-1}^{a}f(t)dt=0$ 이다.

$$f(x)=kx(x-a)^2=k\{(x-a)+a\}(x-a)^2$$
$$=k(x-a)^3+ka(x-a)^2$$
$$\int f(t)dt=\int k\{(t-a)^3+a(t-a)^2\}dt$$
$$=\frac{1}{4}k(t-a)^4+\frac{1}{3}ak(t-a)^3$$
$$=\frac{1}{4}k(t-a)^3\left(t+\frac{1}{3}a\right)$$

이다. 그러므로 $\displaystyle\int_{-1}^{a}f(t)dt=0$ 이 되려면

$$-\frac{1}{3}a=-1,\ a=3$$

이다. $f(x)=kx(x-3)^2$ 에서 미분하면

$$f'(x)=3k(x-1)(x-3)$$

이다. 따라서 함수 $f(x)$ 는 $x=1$ 에서 극댓값을 가진다.
그러므로 3)에서

$$f(1)=3,\ 4k=3,\ \therefore\ k=\frac{3}{4}$$

이다. 따라서

$$f(x)=\frac{3}{4}x(x-3)^2,\ f(5)=15$$

이다.

답 ④

16 해설

함수 $y=a\sin(bx-c)$ 의 최댓값이 2 이므로 $a=2$ 이다.

또한 주기가 $\dfrac{2\pi}{3}$ 이므로 $\dfrac{2\pi}{b}=\dfrac{2\pi}{3}$ 에서 $b=3$ 이다.

주어진 함수가 $(0,\,2)$ 를 지나므로 대입하면
$$2=2\sin(-c)$$
$$\sin c=-1$$
$$\therefore\ c=\frac{3}{2}\pi \ \text{이다.}$$

따라서 $a=2$, $b=3$, $c=\dfrac{3}{2}\pi$ 이므로 $\dfrac{ab}{c}\pi=4$ 이다.

답 4

17 해설

$$\int_{1}^{x}\{f'(t)-2t\}dt=x^3-ax^2-3x+a+b$$

에 $x=1$ 을 대입하면
$$1-a-3+a+b=0,\ b=2$$
그리고 양변을 x 에 대하여 미분하면
$$f'(x)-2x=3x^2-2ax-3$$
$$f'(2)=12-4a-3+4=-3 \ \text{이므로}\ a=4$$
$$\therefore\ 3^{a-b}=3^{4-2}=9$$

답 9

18 해설

$$f(x)=x^3+\frac{3}{2}x^2-6x+k \ \text{에서}$$

$$f'(x)=3x^2+3x-6=3(x-1)(x+2)$$
함수 $f(x)$ 는 $x=-2$ 에서 극댓값을 갖고
$x=1$ 에서 극솟값을 갖는다.

$$M=f(-2)=10+k,\ m=f(1)=-\frac{7}{2}+k \ \text{이므로}$$

$$M+m=\frac{13}{2}+2k=0 \ \text{에서}$$

$$k=-\frac{13}{4}\ \Rightarrow\ -4k=13$$

답 13

19 해설

$a_{n+1}=3-a_n^{\,2}$ 에 $n=1,\,2,\,3,\,\cdots$ 을 차례로 대입해보면
$$a_2=3-a_1^{\,2}=-1\ (\because a_1=-2)$$
$$a_3=3-a_2^{\,2}=2$$
$$a_4=3-a_3^{\,2}=-1$$
$$a_5=3-a_4^{\,2}=2$$
$$a_6=3-a_5^{\,2}=-1$$

이므로 다음과 같은 규칙성을 발견할 수 있다.

모든 짝수 n에 대하여 $a_n = -1$

1이 아닌 모든 홀수 n에 대하여 $a_n = 2$

$$\therefore \sum_{n=1}^{20} 2a_n = 2\left\{a_1 + a_2 + \sum_{n=2}^{10}\left(a_{2n-1} + a_{2n}\right)\right\}$$
$$= 2\{-2-1+9\times(2-1)\} = 12$$

답 12

20 해설

$a \le b$인 임의의 두 실수 a, b에 대하여

$$\int_a^b f(t)\,dt \ge k(b-a)(a^2+ab+b^2)$$

$\Leftrightarrow a \le b$인 임의의 두 실수 a, b에 대하여

$$\int_a^b f(t)\,dt \ge k(b^3-a^3)$$

$F(x) = \int_0^x f(t)\,dt - kx^3 = \int_0^x \{f(t)-3kt^2\}\,dt$라 하면 함수 $F(x)$는 최고차항의 계수가 양수인 삼차함수이다.

$$\int_a^b f(t)\,dt - k(b^3-a^3)$$
$$= \left(\int_0^b f(t)\,dt - kb^3\right) - \left(\int_0^a f(t)\,dt - ka^3\right)$$
$$= \int_a^b \{f(t)-3kt^2\}\,dt$$
$$= F(b) - F(a)$$

이므로

$$\int_a^b f(t)\,dt \ge k(b^3-a^3)$$

$\Leftrightarrow F(b) \ge F(a)$

따라서 함수 $F(x)$는 모든 실수 x에 대하여 증가하므로 함수 $F(x)$는 모든 실수 x에 대하여 $F'(x) \ge 0$이다.

$$F'(x) = f(x) - 3kx^2$$
$$= (24x^2+6x+1) - 3kx^2$$
$$= (24-3k)x^2 + 6x + 1$$

이차함수 $y = (24-3k)x^2+6x+1$는 아래로 볼록해야 하므로 $24-3k > 0$, 즉 $k < 8$이어야 한다.

또한, 이차방정식 $(24-3k)x^2+6x+1 = 0$의 판별식을 D라 하면 $\dfrac{D}{4} \le 0$이어야 한다.

$$\frac{D}{4} = 3^2 - (24-3k) \le 0, \ k \le 5$$

따라서 문제의 조건을 만족시키는 자연수 k의 값의 범위는 $k \le 5$이고 최댓값은 5이다.

답 5

21 해설

$f(x) = ax^m + \cdots + bx^n$ (a, b는 상수, $m > n \ge 0$)라 하자. (가)로부터

$$m - n = 3, \ ab = -2$$
$$f(x) = ax^{n+3} + Ax^{n+2} + Bx^{n+1} + bx^n$$

임을 알 수 있다.

자연수 n에 대하여

1) n이 홀수인 경우 극한식 $\lim\limits_{x \to 0} x^{-n} = -\infty$인지 $\lim\limits_{x \to 0} x^{-n} = \infty$인지 결정할 수 없고

2) n이 짝수인 경우 극한식 $\lim\limits_{x \to 0} x^{-n} = \infty$이다. …… ㉠

(나)에서 $\lim\limits_{x \to 0} \dfrac{\{f(x+4)\}^k}{f(x)+2x} = -\infty$이므로 $f(0) = 0$임을 알 수 있으며

$\dfrac{\{f(x+4)\}^k}{f(x)+2x}$에서 0인수의 개수는 분모가 분자에서보다 많으며 그 차이가 홀수일 때, 극한값이 존재하지 않으므로 그 차이는 짝수개이다.

i) $f(4) \ne 0$일 때,

$\lim\limits_{x \to 0} \dfrac{\{f(x+4)\}^k}{f(x)+2x} = -\infty$는 k의 값에 관계없이 조건을 만족한다.

ii) $f(4) = 0$일 때,

1) $f(x+4)$의 0인수가 1개일 때,

$\dfrac{\{f(x+4)\}^k}{f(x)+2x}$의 분자의 0인수는 k개이다.

이때, 분모의 0인수는 3개 또는 4개이다.

① 분모의 0인수는 3개일 때,

$f(x) = x^4 + Ax^3 - 2x$이며 이때 k의 값은 1만 가능하다.

$f(4) = 0$이므로 $A = -\dfrac{31}{8}$

즉, $f(x) = x^4 - \dfrac{31}{8}x^3 - 2x$이다.

② 분모의 0인수는 4개일 때,

$f(x) = x^4 - 2x$이며 이때 $f(4) = 0$와 모순이다.

2) $f(x+4)$의 0인수가 2개 이상일 때, $f(x)$는 존재하지 않는다.

$\therefore$ ①, ②에 의하여 $f(x) = x^4 - \dfrac{31}{8}x^3 - 2x$이므로

$$\lim_{x \to 0} \frac{f(x+4)}{x^p} = q$$에서

$$\lim_{x \to 0} \frac{f(x+4)}{x^p} = \frac{(x+4)^3\left(x+\frac{1}{8}\right) - 2x - 8}{x^p}$$
$$= \frac{x(x+4)\left(x^2 + \frac{65}{8}x + 17\right)}{x^p}$$

이므로 $p = 1$, $q = 68$이다.

- 23 -

$\therefore p+q=69$이다.

답 69

22 해설

$\log_3(x+2n)=t+m$, $x=f(t)=-2n+3^m\times3^t$,

$\log_9(x+n)=t$, $x=g(t)=-n+9^t$

$f(t)=g(t)$에서 $-2n+3^m\times3^t=-n+9^t$, 정리하면

$-n=-3^m\times3^t+9^t$, $3^t=a$라 하면 $n=-a^2+3^ma$

$(a>0)$. $3^t=a$는 증가함수이므로 a와 t는 일대일 대응,

a의 근의 개수와 t의 근의 개수는 동일하다. 따라서

$g(t)=f(t)$의 실근의 개수는 a에 대한 방정식

$n=-a^2+3^ma$ $(a>0)$의 근의 개수와 같다.

m은 자연수이므로 $3^m\geq3$. $h(a)=-a^2+3^ma$라 하자.

함수 $h(a)$는 $a=\dfrac{3^m}{2}$에서 최댓값 $\dfrac{9^m}{4}$을 갖는다.

$k<\dfrac{9^m}{4}<k+1$인 자연수 k에 대하여 $h(a)=n$의 실근의

개수는 $n=1,\ 2,\ \cdots k$일 때 2이다.

따라서 $a_1=a_2=\ \cdots\ =a_k=2,\ a_{k+1}=a_{k+2}=\ \cdots\ =0$,

임의의 자연수 q에 대하여 $\displaystyle\sum_{n=1}^{p}a_n\geq\sum_{n=1}^{p+q}a_n$를 만족하므로

$\displaystyle\sum_{n=1}^{p}a_n$는 $a_1+a_2+\ \cdots\ +a_p$가 최댓값을 갖고,

$a_{p+1},\ a_{p+2},\ \cdots$는 0이어

야 한다. $\displaystyle\sum_{n=1}^{p}a_n$의 최댓값은

$\displaystyle\sum_{n=1}^{k}a_n=\sum_{n=1}^{k+1}a_n=\sum_{n=1}^{k+2}a_n=\sum_{n=1}^{k+\cdots}a_n=2k$이다. 따라서

최댓값인 $2k$가

$100<2k<900,\ 50<k<450$이다. $k<\dfrac{9^m}{4}<k+1$에서

i) $m=1$이면 $k=2$

ii) $m=2$이면 $k=20$

iii) $m=3$이면 $k=182$

iv) $m=4$이면 $k=1640\ \cdots$ 이다.

따라서 $50<k<450$를 만족하는 $k=182,\ m=3$이다.

$\displaystyle\sum_{n=1}^{p}a_n=364$이므로 $\displaystyle\sum_{n=1}^{p}a_n+m=364+3=367$.

답 367

23 해설

$\mathrm{P}(A\cap B)=0$ 이고 $\mathrm{P}(A\cup B)=\mathrm{P}(A)+\mathrm{P}(B)=\dfrac{2}{3}$ 이므로

$\mathrm{P}(A)=\mathrm{P}(B)$ 에서 $\mathrm{P}(A)=\dfrac{1}{3}$

답 ②

24 해설

철수는 모든 음식을 한 번씩 먹는데 치킨을 피자보다

먼저 먹어야 한다.

그러므로 치킨과 피자를 같은 음식이라고 생각하면,

$\dfrac{5!}{2!}=60$ (가지)

답 ④

25 해설

6 명의 학생 중 원탁 주변에 앉을 4 명의 학생을 뽑는

방법의 수는 $_6C_4=_6C_2=15$

4 명의 학생을 일렬로 나열하는 방법의 수는 $4!=24$

이 각각의 경우에 대하여 회전하여 일치하는 것이

4 가지씩 있으므로 구하는 방법의 수는 $\dfrac{4!}{4}=6$

따라서 구하고자 하는 방법의 수는

$15\times6=90$

답 ③

26 해설

확률변수 X의 확률질량함수가

$\mathrm{P}(X=k)=_{36}C_k\,p^{36-k}(1-p)^k$ $\qquad(k=0,\ 1,\ 2,\ \cdots,\ 36)$

이므로 확률변수 X는 이항분포 $\mathrm{B}(36,\ 1-p)$ 를 따른다.

따라서

$\mathrm{E}(X)=36(1-p),\ \mathrm{V}(X)=36(1-p)p$

이므로

$\mathrm{E}(pX)=p\,\mathrm{E}(X)=36p(1-p)$,

$\mathrm{V}\left(\dfrac{6}{5}pX\right)=\dfrac{36}{25}p^2\mathrm{V}(X)=\dfrac{36}{25}p^2\times36(1-p)p$

$\mathrm{E}(pX)=\mathrm{V}\left(\dfrac{6}{5}pX\right)$ 에서

$36p(1-p)=\dfrac{36}{25}p^2\times36(1-p)p$

$p^2=\dfrac{25}{36}\qquad\therefore p=\dfrac{5}{6}\ (\because0<p<1)$

따라서 $\mathrm{E}(X)=36\left(1-\dfrac{5}{6}\right)=6$

답 ④

27 해설

수학적 확률

6 이 나오는 경우는

$(2, 2, 2)$ 와 $(1, 2, 3)$, $(1, 1, 4)$ 이다.

1) $(2, 2, 2)$ 인 경우 $\Rightarrow \left(\dfrac{1}{4}\right)^3$

2) $(1, 2, 3)$ 인 경우 $\Rightarrow 3! \times \left(\dfrac{1}{4}\right)^3$

3) $(1, 1, 4)$ 인 경우 $\Rightarrow \dfrac{3!}{2!} \times \left(\dfrac{1}{4}\right)^3 = \dfrac{3}{64}$

1)+ 2)+ 3)에 의하여 $\dfrac{10}{64} = \dfrac{5}{32}$ 이다.

답 ①

28 해설

$g(x) = f(x+12)$ 이므로 $f(22) = g(2) = f(14)$ 이다.

따라서, 확률변수 X 의 평균은 $m = \dfrac{14+22}{2} = 18$ 이다.

$P\left(2\alpha \le X \le \dfrac{5}{2}\alpha\right)$ 에서 $\dfrac{5}{2}\alpha - 2\alpha = \dfrac{\alpha}{2}$ 이고,

$P\left(\dfrac{7}{2}\alpha \le X \le 4\alpha\right)$ 에서 $4\alpha - \dfrac{7}{2}\alpha = \dfrac{\alpha}{2}$ 이므로

$P\left(2\alpha \le X \le \dfrac{5}{2}\alpha\right) = P\left(\dfrac{7}{2}\alpha \le X \le 4\alpha\right)$ 이려면

$\dfrac{\dfrac{5}{2}\alpha + \dfrac{7}{2}\alpha}{2} = m$ 이어야 한다. $\Rightarrow 3\alpha = m$ $\therefore \alpha = 6$

$\displaystyle\int_6^{18} \{f(x) - g(x)\}dx = 0$ 이므로

$\displaystyle\int_6^{k} \{f(x) - g(x)\}dx \ge 0$ 을 만족하는 k 의 최솟값

$\beta = 18$ 이다.

$\therefore \alpha\beta = 108$

답 ①

29 해설

$2 \cdot 2^{|a-b|} \cdot \dfrac{2^{2|b-c|}}{4} \cdot \dfrac{2^{3|c-a|}}{8} \ge 1$

$2^{|a-b|+2|b-c|+3|c-a|} \ge 2^4$

$|a-b|+2|b-c|+3|c-a| \ge 4$ 에서

여사건의 확률을 계산해보면

i) $|a-b|+2|b-c|+3|c-a| = 0$ 인 경우

$a = b = c$ 가 1 에서 5 까지 될 수 있으므로 5 가지

ii) $|a-b|+2|b-c|+3|c-a| = 1$ 인 경우

$|a-b| = 1$, $|b-c| = |c-a| = 0$ 이 되어야 하므로

만족하는 (a, b, c) 는 없다.

iii) $|a-b|+2|b-c|+3|c-a| = 2$ 인 경우

$|a-b| = |c-a| = 0$ 이고 $|b-c| = 1$ 이 되어야 하므로

해가 없다.

iv) $|a-b|+2|b-c|+3|c-a| = 3$ 인 경우

$|a-b| = |b-c| = 1$ 이고 $|c-a| = 0$ 이므로

(a, b, c) 는 $1, 2, 3, 4, 5$ 에서

차가 1 인 두 수를 선택(4 가지)하여 a, b 를

지정(2 가지)하면

c 는 자동으로 결정되므로 $4 \times 2 = 8$ 가지

$\therefore \dfrac{q}{p} = 1 - \dfrac{5+8}{5^3} = \dfrac{112}{125}$

$p + q = 237$

답 237

30 해설

$a_1 = a_2 + 1$ 을 주어진 부등식에 대입하면

$1 \le a_3 + a_4 + a_5 \le 2a_2 + 1$ $\cdots$ ㉠

또, $a_2 = a_1 - 1$ 이므로 $a_2 = 0, 1, 2$

(i) $a_2 = 0$ 일 때, ㉠에서

$1 \le a_3 + a_4 + a_5 \le 1$, 즉 $a_3 + a_4 + a_5 = 1$

이 식을 만족시키는 다섯 자리의 수 $a_1a_2a_3a_4a_5$ 의 개수는

$_3H_1 = {}_3C_1 = 3$

(ii) $a_2 = 1$ 일 때, ㉠에서

$1 \le a_3 + a_4 + a_5 \le 3$

이 식을 만족시키는 다섯 자리의 수 $a_1a_2a_3a_4a_5$ 의 개수는

$a_3 + a_4 + a_5 \le 3$ 인 경우의 수에서 $a_3 = a_4 = a_5 = 0$ 인

경우의 수를 뺀 값과 같다. $a_3 = a_4 = a_5 = 0$ 인 경우의

수는 1 이고, $a_3 + a_4 + a_5 \le 3$ 인 경우의 수는 음이 아닌

정수 k 에 대하여 $k + a_3 + a_4 + a_5 = 3$ 인 경우의 수와

같으므로 $_4H_3 = {}_6C_3 = 20$ 이다.

따라서 구하는 경우의 수는 $20 - 1 = 19$

(iii) $a_2 = 2$ 일 때, ㉠에서

$1 \le a_3 + a_4 + a_5 \le 5$

이 식을 만족시키는 다섯 자리의 수 $a_1a_2a_3a_4a_5$ 의 개수는

$a_3 + a_4 + a_5 \le 5$ 인 경우의 수에서

① $a_3 = a_4 = a_5 = 0$,

② a_3 , a_4 , a_5 중 하나가 4 또는 5 , 다른 두 값이

각각 모두 0 ,

③ a_3 , a_4 , a_5 중 하나가 4 , 다른 두 값이 각각 1 과 0

인 경우의 수를 뺀 값과 같다.

$a_3 + a_4 + a_5 \le 5$ 인 경우의 수는 음이 아닌 정수 k 에

대하여 $k + a_3 + a_4 + a_5 = 5$ 인 경우의 수와 같으므로

$_4H_5 = {}_8C_5 = {}_8C_3 = 56$ 이다.

①의 경우의 수는 1, ②의 경우의 수는 $\dfrac{3!}{2!}+\dfrac{3!}{2!}=6$,

③의 경우의 수는 $3!=6$ 이므로 구하는 경우의 수는
$56-1-6-6=43$
(i), (ii), (iii)에 의하여 구하는 경우의 수는
$3+19+43=65$

답   65

미적분

23 해설

$$\int_0^{\frac{\pi}{4}}\sin 2x\,dx=\left[-\frac{1}{2}\cos 2x\right]_0^{\frac{\pi}{4}}$$
$$=-\frac{1}{2}\left(\cos\frac{\pi}{2}-\cos 0\right)$$
$$=-\frac{1}{2}(0-1)=\frac{1}{2}$$

답   ②

24 해설

$\lim\limits_{n\to\infty}(a_n-4)=3$ 이므로 $\lim\limits_{n\to\infty}a_n=7$

급수 $\sum\limits_{n=1}^{\infty}(b_n-3)$ 가 14 로 수렴하므로

$\lim\limits_{n\to\infty}(b_n-3)=0$

$\therefore \ \lim\limits_{n\to\infty}b_n=3$

$\therefore \ \lim\limits_{n\to\infty}(a_n+b_n)=\lim\limits_{n\to\infty}a_n+\lim\limits_{n\to\infty}b_n=7+3=10$

답   ①

25 해설

$$\lim_{n\to\infty}\frac{2}{n}\sum_{k=1}^{n}\left(e^{\frac{k}{n}}-2\right)$$
$$=2\lim_{n\to\infty}\sum_{k=1}^{n}\left(e^{\frac{k}{n}}-3\right)\frac{1}{n}=2\int_0^1\left(e^x-2\right)dx$$
$$=2\left[e^x-2x\right]_0^1=2\{(e-2)-1\}$$
$$=2e-6$$

답   ③

26 해설

$y=f(x)$ 의 극값이 한 개만 존재하려면 $f'(x)=0$ 의
중근 아닌 실근이 오직 한 개만 있어야 한다.
$f'(x)=(x^2-3)e^x-k=0$ 에서 방정식 $(x^2-3)e^x=k$ 가
오직 한 개의 실근을 가져야 하므로
$h(x)=(x^2-3)e^x, g(x)=k$ 라 하면
$h'(x)=2xe^x+(x^2-3)e^x=e^x(x^2+2x-3)$
$=e^x(x+3)(x-1)$ 이고, 모든 실수 x 에 대하여
$e^x>0$ 이므로 $h'(x)=0$ 에서 $x=-3$ 또는 $x=1$
함수 $f(x)$ 의 증가와 감소를 표로 나타내면 다음과 같다.

x	$\cdots$	-3	$\cdots$	1	$\cdots$
$h'(x)$	$+$	0	$-$	0	$+$
$h(x)$	↗	극대	↘	극소	↗

이때 $\lim\limits_{x\to-\infty}x^2e^x=0$ 이므로

$\lim\limits_{x\to-\infty}(x^2-3)e^x=\lim\limits_{x\to-\infty}x^2e^x-3\lim\limits_{x\to-\infty}e^x=0$ 이다. 또한

$\lim\limits_{x\to\infty}h(x)=\infty$ 이고,

$h(-3)=\dfrac{6}{e^3}$, $h(1)=-2e$ 이므로 함수 $y=h(x)$ 의

그래프의 개형은 그림과 같다.

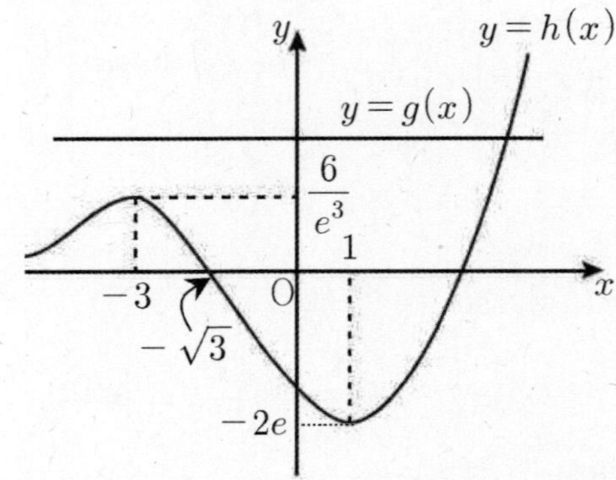

주어진 방정식이 오직 한 개의 실근을 갖기 위해서는
두 함수 $y=f(x), y=g(x)$ 의 그래프의 교점의 개수가
1 이어야 하므로 이를 만족시키는 모든 실수 k 의 값의
범위는 $k\geq\dfrac{6}{e^3}$ 이므로 k 의 최솟값은 $\dfrac{6}{e^3}$ 이다.

답   ①

27 해설

$$\frac{dy}{dx}=\frac{3f'(t)e^{3f(t)}}{\{2t+2t^3f(t)+t^4f'(t)\}e^{t^2f(t)}}$$
$$=\frac{3f'(t)}{2t+2t^3f(t)+t^4f'(t)}e^{3f(t)-t^2f(t)}$$

이고, 두 점 A, B에서의 접선이 모두 x축과 평행하므로

$$\frac{3f'(t)}{2t+2t^3f(t)+t^4f'(t)}e^{3f(t)-t^2f(t)}=0 \ \Rightarrow \ f'(t)=0$$이다.

$$f(x)=\frac{x}{2(x^2+1)}+k \ \Rightarrow \ f'(x)=\frac{-x^2+1}{2(x^2+1)^2}$$

이므로 $f'(t)=\dfrac{-t^2+1}{2(t^2+1)^2}=0$에서

$t=-1$ 또는 $t=1$임을 알 수 있다.

(직선 AB의 기울기)$=\dfrac{e^{3f(1)}-e^{3f(-1)}}{e^{f(1)}-e^{f(-1)}}$

$\qquad\qquad\quad=\dfrac{e^{3k+\frac{3}{4}}-e^{3k-\frac{3}{4}}}{e^{k+\frac{1}{4}}-e^{k-\frac{1}{4}}}$

$\qquad\qquad\quad=\dfrac{e^{3k-\frac{3}{4}}\left(e^{\frac{3}{2}}-1\right)}{e^{k-\frac{1}{4}}\left(e^{\frac{1}{2}}-1\right)}$

$\qquad\qquad\quad=\dfrac{e^{3k-\frac{3}{4}}\left(e^{\frac{1}{2}}-1\right)\left(e+e^{\frac{1}{2}}+1\right)}{e^{k-\frac{1}{4}}\left(e^{\frac{1}{2}}-1\right)}$

$\qquad\qquad\quad=e^{2k-\frac{1}{2}}(e+\sqrt{e}+1)=e^2(e+\sqrt{e}+1)$

따라서 $2k-\dfrac{1}{2}=2$이므로 $k=\dfrac{5}{4}$

🅐 ①

28 해설

$\{f(x)\}^3+6f(x)=x$에서

$x^3+6x=f^{-1}(x)$에서 $f'^{-1}(x)=3x^2+6$

$\dfrac{1}{4}\displaystyle\int_7^{20}\{\{f(x)\}^2-2\}dx$에서

$f(x)=t$라면 $x=f^{-1}(t)$에서

$dx=\left(f^{-1}\right)'(t)dt=(3t^2+6)dt$

준식$=\dfrac{1}{4}\displaystyle\int_{f(7)}^{f(20)}(t^2-2)(3t^2+6)dt$

$\qquad=\dfrac{1}{4}\displaystyle\int_{f(7)}^{f(20)}(3t^4-12)dt$

$\qquad=\dfrac{3}{4}\left[\dfrac{1}{5}t^5-4t\right]_{f(7)}^{f(20)}$

$\{f(7)\}^3+6f(7)=7$

$\{f(7)-1\}\{f^2(7)+f(7)+7\}=0$에서 $f(7)=1$

$\{f(20)\}^3+6f(20)=20$

$\{f(20)-2\}\{f^2(20)+2f(20)+10\}=0$에서 $f(20)=2$

준식$=\dfrac{3}{4}\left\{\dfrac{1}{5}(2^5-1)-4(2-1)\right\}$

$\qquad=\dfrac{3}{4}\left(\dfrac{31}{5}-4\right)=\dfrac{33}{20}$

🅐 ①

29 해설

모든 자연수 n에 대하여 $a_{n+2}=-\dfrac{1}{4}a_{n+1}$이므로

수열 $\{a_n\}$은 둘째 항부터 공비가 $-\dfrac{1}{4}$인 등비수열을

이룬다.

$\displaystyle\sum_{n=1}^{\infty}a_n$과 $\displaystyle\sum_{n=1}^{\infty}a_nb_n$은 모두 수렴하므로

$-\displaystyle\sum_{n=1}^{\infty}a_n<\sum_{n=1}^{\infty}a_nb_n<4-\sum_{n=1}^{\infty}a_n$

$\Leftrightarrow 0<\displaystyle\sum_{n=1}^{\infty}a_nb_n+\sum_{n=1}^{\infty}a_n<4$

$\Leftrightarrow 0<\displaystyle\sum_{n=1}^{\infty}a_n(b_n+1)<4 \qquad\cdots\cdots\text{㉠}$

공비 $r=-\dfrac{1}{4}$, $a_2=10$이므로

$\displaystyle\sum_{n=1}^{\infty}a_n(b_n+1)$

$=2a_1+2a_2+2a_3+a_4+2a_5+a_6+2a_7+\cdots$

$=2a_1+2a_2+2(a_3+a_5+a_7+\cdots)+(a_4+a_6+a_8+\cdots)$

$=2a_1+2a_2+2\times\dfrac{a_2r}{1-r^2}+\dfrac{a_2r^2}{1-r^2}$

$=2a_1+20+\dfrac{20r}{1-\frac{1}{16}}+\dfrac{10r^2}{1-\frac{1}{16}}\quad(\because\ a_2=10)$

$=2a_1+20+\dfrac{-5}{1-\frac{1}{16}}+\dfrac{\frac{5}{8}}{1-\frac{1}{16}}\quad\left(\because\ r=-\dfrac{1}{4}\right)$

$=2a_1+20-\dfrac{16}{3}+\dfrac{2}{3}$

$=2a_1+\dfrac{46}{3}$

㉠의 부등식을 만족시켜야 하므로

$0<2a_1+\dfrac{46}{3}<4$

$\Rightarrow -\dfrac{23}{3}<a_1<-\dfrac{17}{3}$

이다.

따라서 만족시키는 정수 a_1은 -7, -6이므로

모든 a_1의 값의 곱은 42이다.

🅐 42

30 해설

$\qquad f(x)=(\sin x+a)e^{b-b\sin^2 x}$

이다. $h(x)=(x+a)e^{b-bx^2}$이라 할 때

$\qquad h'(x)=e^{b-bx^2}+(-2bx)\times(x+a)\times e^{b-bx^2}$

$\qquad\qquad=(-2bx^2-2abx+1)e^{b-bx^2}$

이다. $f(x)=h(\sin x)$이므로

- 27 -

$$f'(x) = \cos x\, h'(\sin x)$$

이다. 따라서

$f(x)$가 $x=t$에서 극값을 가진다.

$\Leftrightarrow \cos t = 0$ 또는 $h'(\sin t) = 0$

이다.

$$\cos x = 0 \Leftrightarrow x = \frac{\pi}{2} \ \text{또는} \ x = \frac{3}{2}\pi$$

이므로 조건 (가)를 만족하려면

$$h'(\sin t)=0, \ h'(\cos t)\neq 0 \Leftrightarrow t\in\left\{\frac{\pi}{6},\ \frac{5}{6}\pi,\ \frac{7}{6}\pi,\ \frac{11}{6}\pi\right\}$$

$$\Leftrightarrow 0<t<2\pi \ \text{그리고} \ |\sin t|=\frac{1}{2}$$

이다. 따라서 다음과 같은 경우로 나누어 볼 수 있다.

1) $h'\left(\dfrac{1}{2}\right)\neq 0,\ h'\left(-\dfrac{1}{2}\right)\neq 0$

2) $h'\left(\dfrac{1}{2}\right)= 0,\ h'\left(-\dfrac{1}{2}\right)\neq 0$

3) $h'\left(-\dfrac{1}{2}\right)= 0$

각각의 경우에서 조건 (나)를 만족하는지 살피기 전에 먼저

$$h'(0)=e^b>0,\ f'(\pi)=\cos\pi\times h'(0)=-h'(0)<0$$

이다.

1) $h'\left(\dfrac{1}{2}\right)\neq 0,\ h'\left(-\dfrac{1}{2}\right)\neq 0$인 경우

$f'(0)>0$이며 $f'(x)=\cos x\, h'(\sin x)$의 부호가 바뀌는 지점은

$$x=\frac{\pi}{2},\ x=\frac{3}{2}\pi$$

이므로 구간 $\pi<x<2\pi$에서의 $f'(x)$의 부호를 표로 나타내면

x	π	$\cdots$	$\dfrac{3}{2}\pi$	$\cdots$	2π
$f'(x)$	$-$	$-$	0	$+$	$+$

이다. 따라서 조건 (나)를 만족시키지 못한다.

2) $h'\left(\dfrac{1}{2}\right)= 0,\ h'\left(-\dfrac{1}{2}\right)\neq 0$인 경우

$f'(0)>0$이며 $f'(x)=\cos x\, h'(\sin x)$의 부호가 바뀌는 지점은

$$x=\frac{\pi}{6},\ x=\frac{\pi}{2},\ x=\frac{5}{6}\pi,\ x=\frac{3}{2}\pi$$

이므로 구간 $\pi<x<2\pi$에서의 $f'(x)$의 부호를 표로 나타내면

x	π	$\cdots$	$\dfrac{3}{2}\pi$	$\cdots$	2π
$f'(x)$	$-$	$-$	0	$+$	$+$

이다. 따라서 조건 (나)를 만족시키지 못한다.
따라서 경우는 3), 4)뿐이므로

$$h'\left(-\frac{1}{2}\right)=0$$

$$\left(-\frac{1}{2}b+ab+1\right)e^{\frac{3}{4}b}=0$$

$$-\frac{1}{2}b+ab+1=0$$

$$\left(a-\frac{1}{2}\right)b=-1,\ \therefore\ b=-\frac{2}{2a-1}$$

이다.

3) $h'\left(-\dfrac{1}{2}\right)=0$

구간 $\pi<x<2\pi$에서 $f'(x)=\cos x\, h'(\sin x)$의 부호가 바뀌는 지점은

$$x=\frac{7}{6}\pi,\ x=\frac{3}{2}\pi,\ x=\frac{11}{6}\pi$$

이며 $f'(\pi)>0$이므로 $f'(x)$의 부호를 표로 나타내면

x	π	$\cdots$	$\dfrac{7}{6}\pi$	$\cdots$	$\dfrac{3}{2}\pi$	$\cdots$	$\dfrac{11}{6}\pi$	$\cdots$	2π
$f'(x)$	$-$	$-$	0	$+$	0	$-$	0	$+$	$+$

이다. 따라서 조건 (나)를 만족하는 실수 k는 $\dfrac{3}{2}\pi$이다.

그러므로

$$f\left(\frac{3}{2}\pi\right)=a-1=2$$

$$\therefore\ a=3$$

이다. 또한

$$\therefore\ b=-\frac{2}{2a-1}=-\frac{2}{5}$$

이다. 따라서

$$25(a+b)=65$$

이다.

답   65

기하

23 해설

두 벡터 $\vec{a}=(4,1),\vec{b}=(2,-3)$ 에 대하여

$$\vec{a}\cdot\vec{b}=4\times2+1\times(-3)=5$$

답   ①

24 해설

점 $B(2,-3,1)$ 이고, 점 $C(-2,-3,1)$ 이므로

$$\overline{BC}=\sqrt{(-2-2)^2+(-3-3)^2+(1-(-1))^2}$$
$$=\sqrt{16+36+4}=\sqrt{56}=2\sqrt{14} \ \text{이다.}$$

답   ②

25 해설

$\overline{PF} < \overline{PF'}$ 라 하면 쌍곡선의 주축의 길이는
$2 \times 6 = 12$ 이므로
$\overline{PF} = a$ 라 하면 $\overline{PF'} = a + 12$ 이다.

삼각형 PFF′ 의 넓이는 $\dfrac{1}{2}a(a+12) = 32$ 이므로

$a^2 + 12a - 64 = 0$ 에서 $a = 4$ 또는 $a = -16$ 이다.

$a > 0$ 이므로 $\overline{PF} = 4$, $\overline{PF'} = 16$ 이다.

피타고라스 정리에 의해

$\overline{FF'} = \sqrt{256 + 16} = \sqrt{272}$

$= 4\sqrt{17}$ 이다.

따라서 $k^2 + 36 = \left(2\sqrt{17}\right)^2$ 이므로 $k = 4\sqrt{2}$ 이다.

답   ④

26 해설

$\overline{OB} = 2$ 이므로

$a^2 + b^2 = 2^2$ ...... ㉠

$\overline{AB} = 2\sqrt{3}$ 이므로

$(2\sqrt{3})^2 + (a-2)^2 + b^2 = (2\sqrt{3})^2$ ...... ㉡

㉡ − ㉠에서 $12 - 4a + 4 = 8$

$\therefore a = 2, b = 0$

삼각형 OAB 에서 $\overline{OB} : \overline{AB} : \overline{OA} = 2 : 2\sqrt{3} : 4$ 이므로
삼각형 OAB 는 $\angle ABO = 90°$ 인 직각삼각형이다.

$\therefore \triangle OAB = \dfrac{1}{2} \times 2 \times 2\sqrt{3} = 2\sqrt{3}$

점 B 에서 xz 평면에 내린 수선의 발을 B′ 이라 하면
직각삼각형 OAB 의 xz 평면 위로의 정사영은 삼각형
OAB′ 이고
점 B′ 의 좌표는 $(0,\ 0,\ 0)$ 으로 원점과 동일하다.

$\therefore \cos\theta = 0$

답   ①

27 해설

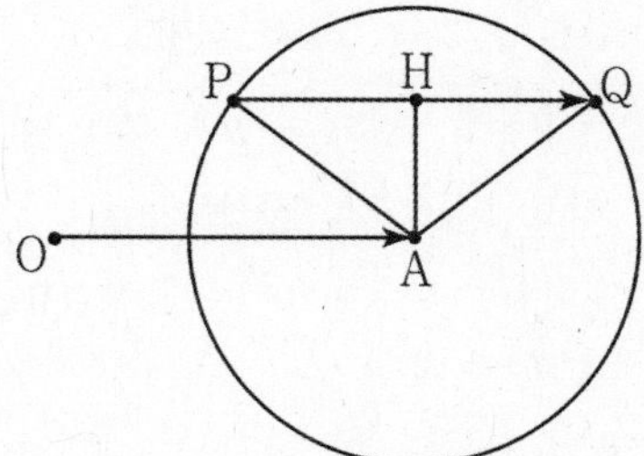

$\overrightarrow{OA} = \overrightarrow{PQ}$ 이므로 $|\overrightarrow{PQ}| = |\overrightarrow{OA}| = \sqrt{5}$
$\overrightarrow{PQ} /\!/ \overrightarrow{OA}$

중심 A 에서 직선 PQ 에 내린 수선의 발 H , H 는 $\overline{PQ}$ 를

이등분하므로 $\overline{PH} = \dfrac{\sqrt{5}}{2}$, $\overline{PA}$ 는 반지름이므로 $\sqrt{2}$

피타고라스 정리에 의해 $\overline{AH} = \sqrt{2 - \dfrac{5}{4}} = \dfrac{\sqrt{3}}{2}$

점 P 에서 $\overline{OA}$ 에 내린 수선의 발 M , $\overline{OA} = \sqrt{5}$ 이고,

$\overline{PH} = \dfrac{\sqrt{5}}{2}$ 이므로 M 은 $\overline{OA}$ 의 중점이다.

$|\overrightarrow{PA} + \overrightarrow{PO}| = |2\overrightarrow{PM}| = \sqrt{3}$

답   ⑤

28 해설

타원의 방정식이 $\dfrac{x^2}{100} + \dfrac{y^2}{36} = 1$ 이므로 아래의 그림과

같이 장축의 길이가 20 이고, 초점의 좌표는 $F(8,0)$ 이다.
아래의 그림처럼 선분PQ 와 x 축은 수직을 이루면서
점H 를 지난다.

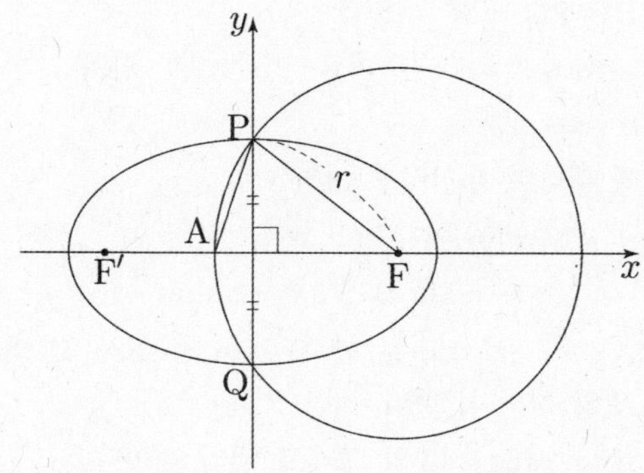

삼각형 PFF′ 의 넓이는 삼각형 APQ 의 넓이의 4 배가 된다.
삼각형 APQ 의 넓이는 삼각형 APH 넓이의 2 배이므로

선분AH 의 길이는 선분 FF′ 길이의 $\dfrac{1}{8}$ 배가 된다.

$\overline{FF'} = 16$ 이므로 $\overline{AH} = 2$ 이다.

$\overline{AF} = r$ 이고, $\overline{HF} = \overline{AF} - \overline{AH} = r - 2$,

$\overline{F'H} = \overline{F'F} - \overline{HF} = 16 - (r-2) = 18 - r$

타원의 정의에 의해서 $\overline{PF'} + \overline{PF} = 20$ 이므로

$\overline{PF'} = 20 - r$ 이다.

삼각형 PHF′ 와 삼각형 PFH 에서 피타고라스 정리를
이용하면

$\overline{PH}^2 = \overline{PF'}^2 - \overline{F'H}^2 = \overline{PF}^2 - \overline{FH}^2$

$(20-r)^2 - (18-r)^2 = r^2 - (r-2)^2$

$2(38-2r) = 2(2r-2)$

$r = 10$

$\overline{PH}^2 = \overline{PF}^2 - \overline{FH}^2 = 10^2 - 8^2 = 6^2$ 이므로 $\overline{PH} = 6$

따라서 삼각형 APF 의 넓이는 $\dfrac{1}{2} \times 6 \times 10 = 30$

답   ③

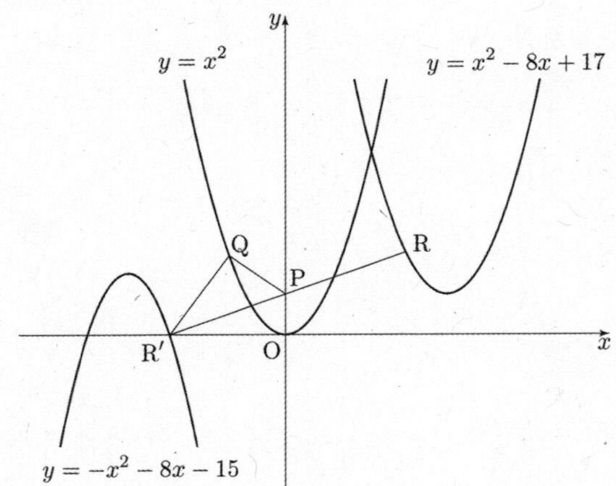

점 R 을 점 P 에 대하여 대칭이동을 한 점을
점 R′ 이라고 하자. $\overrightarrow{PR} = -\overrightarrow{PR'}$
$\overrightarrow{PQ} + \overrightarrow{PR} = \overrightarrow{PQ} - \overrightarrow{PR'} = \overrightarrow{R'Q}$

$y = x^2 - 8x + 17 = (x-4)^2 + 1$ 의 그래프 위의
점 $(t,\ t^2 - 8t + 17)$ 을
$(0, 1)$ 에 대하여 대칭이동 시키면
$(-t,\ -t^2 + 8t - 15)$ 이다.
$$-(-t)^2 - 8(-t) - 15 = -t^2 + 8t - 15$$
점 $(-t,\ -t^2 + 8t - 15)$ 는 함수 $y = -x^2 - 8x - 15$ 의
그래프 위의 점이다. 따라서 점 R′ 은
함수 $y = -x^2 - 8x - 15$ 의 그래프 위의 점이다.
함수 $y = -x^2 - 8x - 15$ 의 그래프 위의 점 R′ 와 $y = x^2$
위의 점 Q 사이의 거리가 최소가 되려면
1) 점 R′ 에서 함수 $y = -x^2 - 8x - 15$ 의 그래프의 접선과
직선 R′Q 이 수직이며, 2) 점 Q 에서 함수 $y = x^2$ 의
그래프의 접선과 직선 R′Q 이 수직이어야 한다. ⋯⋯ ㉠
점 R′ 의 좌표를 $(r, -r^2 - 8r - 15)$, 점 Q 의 좌표를
(q, q^2) 라 하자. 점 R′ 에서 함수 $y = -x^2 - 8x - 15$ 의
그래프의 접선 l 의 방정식은
$$l : (-2r - 8)(x - r) = y + r^2 + 8r + 15$$
점 Q 에서 함수 $y = x^2$ 의 그래프의 접선 m 의 방정식은
$$m : 2q(x - q) = y - q^2$$
점 R′ 과 점 Q 를 지나는 직선의 기울기
$$\frac{-r^2 - 8r - 15 - q^2}{r - q}$$
㉠과 두 직선이 수직이라면 기울기의 곱이 -1 임을
이용하면
$$-2r - 8 = 2q = -\frac{r - q}{-r^2 - 8r - 15 - q^2}$$
$$= \frac{r - q}{-(r + 4)^2 + 1 - q^2}$$
위 등식에서 $r = -4 - q$ 이므로 이를 다시 대입하면
$$2q = -\frac{-2q - 4}{-2q^2 + 1}\ ,\quad q = \frac{q + 2}{-2q^2 + 1}$$
$$-2q^3 - 2 = 0$$
$$-2(q + 1)(q^2 - q + 1) = 0$$

q 는 실수이므로 $\therefore\ q = -1$, $\therefore\ r = -3$
$|\overrightarrow{R'Q}|$ 가 최소가 되는 점 Q 의 좌표는 $(-1, 1)$,
점 R′ 의 좌표는 $(-3, 0)$.
따라서 $|\overrightarrow{R'Q}|$ 의 최솟값은
$$\sqrt{\{-3 - (-1)\}^2 + (0 - 1)^2} = \sqrt{5}$$
점 $(-3, 0)$ 을 점 $(0, 1)$ 에 대하여 대칭이동한
점 $(3, 2)$ 이 점 R 이고 점 Q 가 점 $(-1, 1)$ 일 때,
$|\overrightarrow{PQ} + \overrightarrow{PR}|$ 은 최솟값 $\sqrt{5}$ 를 가진다.
따라서 $m = \sqrt{5}$ 이고 $m^2 = 5$ 이다.

답   5

선분 QB 가 원 C 의 지름이므로 원주각의 성질에 의해
두 선분 QA 와 AB 는 서로 수직이다.
점 Q 에서 평면 α 에 내린 수선의 발을 H 라 하면
두 선분 QH 와 AB 가 서로 수직이므로 삼수선의 정리에
의해 두 선분 HA 와 AB 는 서로 수직이다.

좌표공간에 점 H 를 원점으로 하고 직선 HA 를 x 축,
평면 α 가 xy 평면이 되도록 그림을 올려보자.

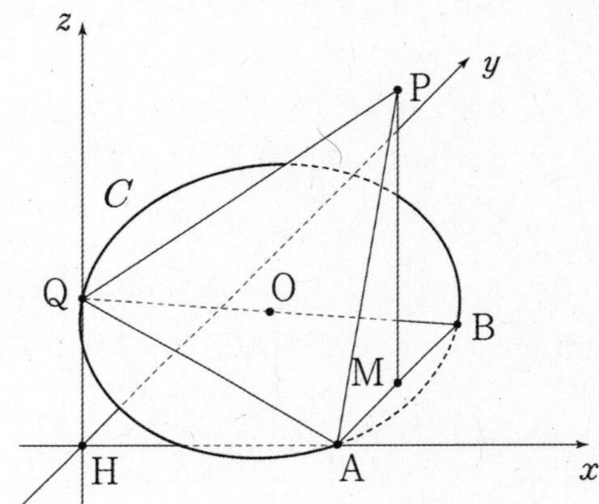

$\overline{AB} = 2$ 이고 $\overline{QB} = 4$ 이므로 $\overline{QA} = 2\sqrt{3}$ 이다.
$\angle QAH = \dfrac{\pi}{6}$ 이므로 $\overline{HA} = 3$, $\overline{QH} = \sqrt{3}$ 이다.
따라서 $A(3, 0, 0)$, $Q(0, 0, \sqrt{3})$ 이고 $B(3, 2, 0)$ 이다.
$M(3, 1, 0)$ 이므로 $P(3, 1, p)$ 라 하자.
이때 $\overline{PQ} = \sqrt{9 + 1 + (p - \sqrt{3})^2} = \sqrt{p^2 - 2\sqrt{3}\,p + 13}$,
$\overline{PA} = \sqrt{1 + p^2}$ 이고 $\overline{PQ} = \overline{PA}$ 이므로
$$p^2 - 2\sqrt{3}\,p + 13 = 1 + p^2$$
$$\Rightarrow 2\sqrt{3}\,p = 12$$
$$\Rightarrow p = 2\sqrt{3}$$
이다.
한편, 선분 PM 이 선분 AB 와 수직이므로
$\overline{PA} = \overline{PB}$ 이다.
따라서 $\overline{PB} = \overline{PA} = \sqrt{1 + p^2} = \sqrt{13}$ 이고 $\overline{PQ} = \sqrt{13}$ 이다.
$\overline{QB} = 4$ 임을 이용하여 삼각형 PQB 의 넓이를 구해보자.

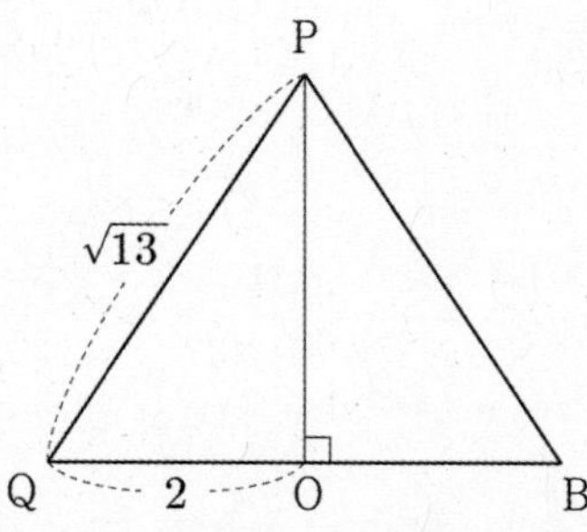

삼각형 PQO 에서 피타고라스의 정리에 의해
$\overline{PO}=3$ 이다.
따라서 삼각형 PQB 의 넓이는 6 이다.

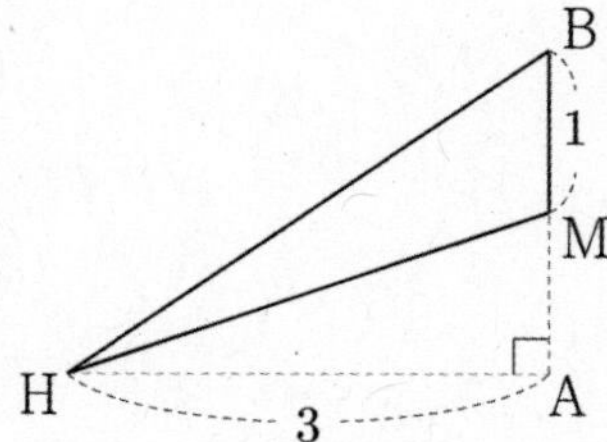

두 점 P , Q 에서 평면 α 에 내린 수선의 발은
각각 M , H 이다.

위 그림에 의해 삼각형 HBM 의 넓이는 $\dfrac{3}{2}$ 이다.

따라서 삼각형 PQB 를 포함하는 평면과 평면 α 가 이루는

예각의 크기 θ 에 대하여 $\cos\theta = \dfrac{\dfrac{3}{2}}{6} = \dfrac{1}{4}$ 이다.

$\cos^2\theta = \dfrac{1}{16}$ 이므로 $p=16$, $q=1$ 에서 $p+q=17$ 이다.

 17

공부플렉스 수학 모의고사 PRE 수능 3회 해설지

공통 수학1+수학2						확률과 통계		미적분		기하	
1	②	11	②	21	324	23	①	23	③	23	②
2	④	12	④	22	192	24	⑤	24	①	24	④
3	④	13	②			25	⑤	25	①	25	④
4	②	14	③			26	③	26	②	26	④
5	②	15	②			27	①	27	③	27	②
6	⑤	16	2			28	⑤	28	②	28	①
7	①	17	21			29	241	29	86	29	49
8	②	18	8			30	174	30	52	30	288
9	②	19	87								
10	①	20	37								

공통 수학1+수학2

1 해설

$$3^0 + 16^{\frac{1}{2}} = 1 + (4^2)^{\frac{1}{2}} = 1 + 4^1 = 5$$

답 ②

2 해설

$f'(x) = x^2 + 3$이므로
$f'(1) = 4$

답 ④

3 해설

$f(x) = (x^3 + a)(x^2 + x - 1)$에서
$f'(x) = 3x^2 \times (x^2 + x - 1) + (x^3 + a)(2x + 1)$
$f'(1) = 3 \times 1 + (1 + a) \times 3 = 18$이므로
$1 + a = 5$
따라서 $a = 4$

답 ④

4 해설

$$\sum_{k=1}^{10} (a_{2k-1} + a_{2k}) = (a_1 + a_2) + (a_3 + a_4) + \cdots + (a_{19} + a_{20})$$
$$= 35$$

이므로 $\sum_{k=1}^{20} a_k = 35$

$$\therefore \sum_{k=1}^{20} (a_k - 1)^2 - \sum_{k=1}^{20} (a_k - 3)^2$$
$$= \sum_{k=1}^{20} (a_k^2 - 2a_k + 1) - \sum_{k=1}^{20} (a_k^2 - 6a_k + 9)$$
$$= \sum_{k=1}^{20} (4a_k - 8)$$
$$= 4 \sum_{k=1}^{20} a_k - 8 \sum_{k=1}^{20} 1$$
$$= 4 \times 35 - 8 \times 20 = -20$$

답 ②

5 해설

$x - 1 = t$라 하면 $x \to 2-$일 때 $t \to 1-$이므로
$$\lim_{x \to 2-} f(x-1) = \lim_{t \to 1-} f(t) = 0$$
$-x = s$라 하면 $x \to 1+$일 때 $s \to -1-$이므로
$$\lim_{x \to 1+} f(-x) = \lim_{s \to -1-} f(s) = -1$$
$$\therefore \lim_{x \to 2-} f(x-1) + \lim_{x \to 1+} f(-x) = 0 + (-1) = -1$$

답 ②

6 해설

$f'(x) = 3x^2 - 6x = 3x(x-2)$
이므로 함수 $f(x)$는 $x = 0$, $x = 2$에서 극값을 갖는다.
$$f(0) = a, \ f(2) = a - 4$$
이고, 모든 극값의 합이 14이므로
$$2a - 4 = 14 \ \Rightarrow \ a = 9$$
이다.

답 ⑤

7 해설

점 B의 좌표는 $(1, 0)$이고 점 A의 좌표는 $(1, a^2)$이다.
점 A를 지나고 기울기가 -1인 직선이 곡선
$y = \frac{1}{2} \log_a x$와 만나는 점이 C이므로 두 곡선
$y = a^{2x}$, $y = \frac{1}{2} \log_a x$는 $y = x$를 기준으로 대칭이다.
즉, 점 C의 좌표는 $(a^2, 1)$이다.

삼각형 ABC가 직각삼각형이라고 했으므로
직선 AC의 기울기와 직선 BC의 기울기의 곱은 -1이다.
직선 AC의 기울기는 -1인 것을 알고 있으므로
직선 BC의 기울기는 1이다.

따라서 $\dfrac{1}{a^2-1}=1$이므로 $a=\sqrt{2}$ 이다.

답 ①

8 해설

이차방정식의 판별식 D가 0보다 작아야 하므로

$$D=9\cos^2\theta-4\left(\frac{21}{4}+\frac{39}{4}\sin\theta\right)$$
$$=-9\sin^2\theta-39\sin\theta-12$$
$$\left(\because\ \sin^2\theta=1-\cos^2\theta\right)$$
$$=-9\left(\sin\theta+\frac{1}{3}\right)(\sin\theta+4)$$

에서

$$D<0\ \Rightarrow\ \sin\theta+\frac{1}{3}>0\ (\because\ \sin\theta+4>0)$$

이다.

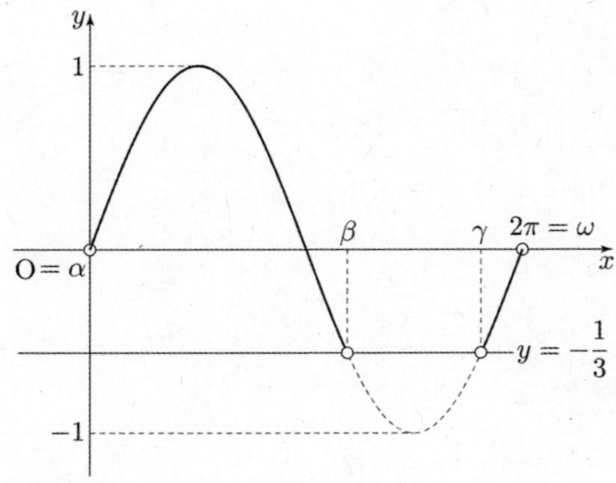

위 그림을 참고하면 $\sin\theta+\dfrac{1}{3}>0$을 만족시키는

$\theta\,(0<\theta<2\pi)$의 범위는

$\alpha=0,\ \omega=2\pi,\ \sin\beta=\sin\gamma=-\dfrac{1}{3}$ 임을 알 수 있다.

$$\therefore\ \alpha+\omega\times\sin\beta\times\sin\gamma=\frac{2}{9}\pi$$

답 ②

9 해설

$$g(x)=\begin{cases}16-f(x) & (x<a)\\ 4x & (a\le x\le 4)\\ x^2+3 & (x>4)\end{cases}$$

에서 함수 $f(x)g(x)$를 아래와 같이 나타낼 수 있다.

$$f(x)g(x)=\begin{cases}f(x)(x^2+3)\ (4<x)\\ 4xf(x)\ (a\le x\le 4)\\ f(x)\{16-f(x)\}\ (x<a)\end{cases}$$

$$f(x)g(x)=\begin{cases}f(x)\{16-f(x)\} & (x<a)\\ 4xf(x) & (a\le x\le 4)\\ f(x)(x^2+3) & (x>4)\end{cases}$$

실수 전체 집합에서 연속이므로 $x=4$, $x=a$에서 연속이다.
$x=4$에서 연속이므로 $f(4)=0$이다.

$x=a$에서 연속이므로 $4af(a)=f(a)\{16-f(a)\}$이다.
따라서 $f(a)=0$이거나 $f(a)=16-4a$이어야 한다.

$$\therefore\ f(x)=(x-4)(x-a)\ \text{or}\ f(x)=(x-4)\{(x-a)-4\}$$

$f(5)=-1$이므로 $\ a=2,\ 6$
그러나 $a<4$이므로 $a=2$ 이다.

답 ②

10 해설

$a_1=3$이므로,

$$a_2=\frac{3}{3}\times 1+3=4$$

$a_3=4+1=5,\ a_4=5+1=6\ ,\ \cdots\cdots$

3의 제곱수가 나올 때까지 1씩 증가하게 된다.

$a_7=9$에서 $\log_3 a_7$이 자연수가 되므로

$$a_8=\frac{9}{3}\times 7+9=30$$

이후로, 3의 제곱수인 81이 등장할 때까지 1씩 계속 증가한다.

$a_n=n+22\,(8\le n\le 59)$

$a_{59}=81$이므로

$$a_{60}=\frac{81}{3}\times 59+81=1674$$

$\therefore k<60$임을 알 수 있다.

$k<60$인 k의 최댓값은 59다.

$k=59$

답 ①

11 해설

방정식 $x^n=-9^{\,n-6}$은 실근 p를 갖고,

$-9^{\,n-6}<0$이므로 n은 홀수이다.

따라서 홀수 n에 대하여

$$p=-9^{\frac{n-6}{n}}=-3^{\frac{2n-12}{n}},\ q=27^{\frac{n-3}{n}}=3^{\frac{3n-9}{n}}$$

이다.

$p\times q<-3$이므로

$$-3^{\frac{2n-12}{n}}\times 3^{\frac{3n-9}{n}}<-3\text{에서}$$

$$3^{\frac{5n-21}{n}}>3$$

$$\Rightarrow\ \frac{5n-21}{n}>1$$

$$\Rightarrow\ n>\frac{21}{4}$$

이다.

따라서 n은 홀수이고 $n>\dfrac{21}{4}$이므로

n의 최솟값은 7이다.

답 ②

12 해설

양의 실수 t에 대하여 점 A의 좌표를 A$(t,\ 0)$이라 하자.

함수 $y=a\cos\dfrac{\pi x}{3}+b$의 주기가 6이므로 P$(6,\ a+b)$이고

$y=a\cos\dfrac{\pi x}{3}+b$의 그래프는 직선 $x=3$과 $x=6$에 대해

대칭이므로

B$(6-t,\ 0)$, C$(6+t,\ 0)$이다.

$\overline{\text{OA}}=t$, $\overline{\text{AB}}=6-2t$이고

문제에 주어진 조건에서 $2\overline{\text{OA}}=5\overline{\text{AB}}$이므로

$$2t=5(6-2t)\ \Rightarrow\ t=\frac{5}{2}$$

이다.

따라서 A$\left(\dfrac{5}{2},\ 0\right)$, B$\left(\dfrac{7}{2},\ 0\right)$, C$\left(\dfrac{17}{2},\ 0\right)$이다.

A$\left(\dfrac{5}{2},\ 0\right)$을 $y=a\cos\dfrac{\pi x}{3}+b$에 대입하면

$-\dfrac{\sqrt{3}}{2}a+b=0$에서

$$b=\frac{\sqrt{3}}{2}a\ \cdots\cdots\,\unicode{x1D4F5}$$

이다.

P$(6,\ a+b)$이고 $\overline{\text{BC}}=5$,

문제의 조건에서 삼각형 BCP의 넓이가 5이므로

$$(\text{삼각형 BCP의 넓이})=\frac{1}{2}\times5\times(a+b)=5$$

$$\Rightarrow\ a+b=2\ \cdots\cdots\,\unicode{x24C1}$$

㉠과 ㉡을 연립하면

$$\frac{2+\sqrt{3}}{2}a=2$$

$$\Rightarrow\ a=\frac{4}{2+\sqrt{3}}$$

$$\Rightarrow\ a=8-4\sqrt{3}\,,\ b=4\sqrt{3}-6$$

이다.

$$\therefore\ a+2b=8-4\sqrt{3}+2(4\sqrt{3}-6)$$
$$=4\sqrt{3}-4$$

답 ④

13 해설

$0<t<2$일 때, $v_1(t)>0$이고 $t>2$일 때, $v_1(t)<0$이다.

$c=\dfrac{30}{b}$이라 할 때

$0<t<c$일 때, $v_1(t)<0$이고 $t>c$일 때, $v_1(t)>0$이다.

k와 c 중 최솟값을 m이라 하자. 시각 $t=0$에서 시각

$t=k$까지 점 P와 Q가 이동한 거리가 각각 57, 65이므로

$$\int_0^2 v_1(t)\,dt-\int_2^k v_1(t)\,dt=57,$$

$$-\int_0^m v_2(t)\,dt+\int_m^k v_2(t)\,dt=65$$

$$\int_2^k v_1(t)\,dt=\int_0^2 v_1(t)\,dt-57,$$

$$\int_m^k v_2(t)\,dt=\int_0^m v_2(t)\,dt+65$$

이며 시각 $t=k$에서 점 P와 Q가 만나므로

$$\int_0^2 v_1(t)\,dt+\int_2^k v_1(t)\,dt=\int_0^m v_2(t)\,dt+\int_m^k v_2(t)\,dt$$

이다. 따라서

$$\int_0^2 v_1(t)\,dt+\left(\int_0^2 v_1(t)\,dt-57\right)$$
$$=\int_0^m v_2(t)\,dt+\left(\int_0^m v_2(t)\,dt+65\right)$$

$$\int_0^2 v_1(t)\,dt-\int_0^m v_2(t)\,dt=61$$

이다.

$$\int_0^2 v_1(t)\,dt=\int_0^2(-3t^2+12)\,dt=\Big[-t^3+12t\Big]_0^2=16$$

따라서

$$\int_0^m v_2(t)\,dt=-45,\ \int_m^k v_2(t)\,dt=65+\int_0^m v_2(t)\,dt=20$$

이다. 직선 $y=v_2(t)$을 좌표평면에 나타내면 다음과 같다.

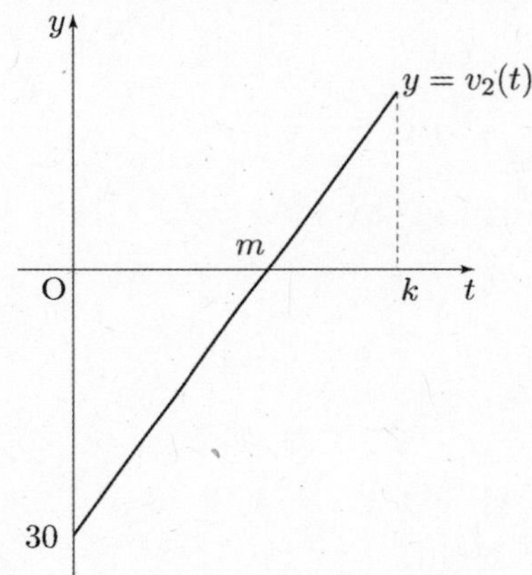

$$\int_0^m v_2(t)\,dt=\frac{1}{2}\times30\times m$$이므로

$$m=3,\ b=\frac{30}{3}=10$$

이다.

$$\int_0^3 v_2(t)\,dt\ :\ \int_3^k v_2(t)\,dt=9:(k-3)^2$$이며

$$\int_0^m v_2(t)\,dt=-45,\ \int_m^k v_2(t)\,dt=20$$이므로

$$3:k-3=3:2,\ 6=3k-9,\ k=5$$

이다.

$$\int_0^5 v_1(t)\,dt=\int_0^5 v_2(t)\,dt$$
$$=\int_0^3 v_2(t)\,dt+\int_3^5 v_2(t)\,dt$$
$$=-25$$

이다.

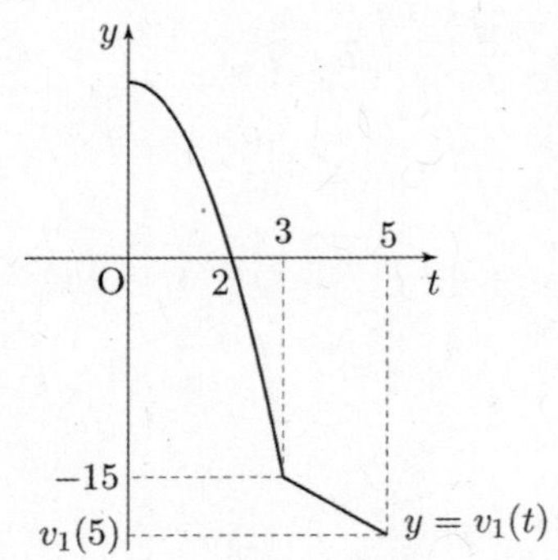

$$\int_0^3 v_1(t)\,dt = \int_0^3 (-3t^2+12)\,dt = \Big[-t^3+12t\Big]_0^3 = 9$$

$$\int_3^5 v_1(t)\,dt = -\frac{1}{2}\times(5-3)\times(-v_1(5)+15) = v_1(5)-15$$

또한

$$\int_3^5 v_1(t)\,dt = \int_0^5 v_1(t)\,dt - \int_0^3 v_1(t)\,dt$$

$$= -25 - \int_0^3 v_1(t)\,dt$$

$$= -34$$

이다. 따라서

$$v_1(5) = -19$$
$$-2a-15 = -19$$
$$a = 2$$

이다. 그러므로

$$a+b+k = 2+10+5 = 17$$

이다.

답 ②

14 해설

$\angle ABC = \theta$라 하면

$\angle BCQ = \angle ACQ = \theta$이고 $\cos\theta = \dfrac{3}{4}$이다.

$\angle CQA = 2\theta$이므로

삼각형 ABC와 삼각형 ACQ는 닮음이다.

($\because$ AA 닮음) ……㉠

$\cos\theta = \dfrac{3}{4}$이므로

$\overline{AB} = 4k$라 하면 $\overline{BH} = 3k$이고,

$\overline{PH} = 2$이므로

$\overline{BP} = 3k-2$, $\overline{BC} = 6k-4$이다.

또한, 삼각형 ABH와 삼각형 QBP는 닮음이므로

$$\overline{AB} : \overline{AQ} = \overline{BH} : \overline{PH}$$

$$\Rightarrow 4k : \overline{AQ} = 3k : \overline{PH}$$

$$\Rightarrow \overline{AQ} = \frac{4}{3}\overline{PH} = \frac{8}{3} \quad ……ⓛ$$

삼각형 ABC에서 코사인법칙에 의해

$$\overline{AC}^2 = \overline{AB}^2 + \overline{BC}^2 - 2\times\overline{AB}\times\overline{BC}\times\cos\theta$$

$$\Rightarrow \overline{AC}^2 = (4k)^2 + (6k-4)^2 - 2\times 4k \times(6k-4)\times\frac{3}{4}$$

$$\Rightarrow \overline{AC}^2 = 16k^2 - 24k + 16 \quad ……ⓒ$$

㉠에서 삼각형 ABC와 삼각형 ACQ는 닮음이므로

$$\overline{AQ} : \overline{AC} = \overline{AC} : \overline{AB}$$

$$\Rightarrow \overline{AC}^2 = \overline{AB}\times\overline{AQ}$$

$$\Rightarrow \overline{AC}^2 = 4k\times\frac{8}{3}\,(\because \ ⓛ) \quad ……ⓔ$$

ⓒ과 ⓔ에서

$$16k^2 - 24k + 16 = \frac{32}{3}k$$

$$\Rightarrow 6k^2 - 13k + 6 = 0$$

$$\Rightarrow (2k-3)(3k-2) = 0$$

$$\therefore k = \frac{3}{2}\,(\because \ \overline{BP} = 3k-2 > 0)$$

따라서 $\overline{AB} = 6$, $\overline{BC} = 5$, $\overline{AC} = 4$이다.

$$\cos\theta = \frac{3}{4} \Rightarrow \sin\theta = \frac{\sqrt{7}}{4}$$이므로

$$2R = \frac{4}{\dfrac{\sqrt{7}}{4}} = \frac{16}{\sqrt{7}}$$

$$\therefore R = \frac{8}{\sqrt{7}}$$

한편, 삼각형 BCQ는 이등변삼각형이므로

$$\overline{CQ} = \overline{BQ} = \overline{BA} - \overline{AQ} = 6 - \frac{8}{3} = \frac{10}{3}$$이고,

$\overline{AC} = 4$, $\angle ACQ = \theta$이므로

삼각형 AQC의 넓이 $S = \dfrac{1}{2}\times\dfrac{10}{3}\times 4\times\dfrac{\sqrt{7}}{4} = \dfrac{5\sqrt{7}}{3}$이다.

$$\therefore \frac{R}{S} = \frac{\dfrac{8}{\sqrt{7}}}{\dfrac{5\sqrt{7}}{3}} = \frac{24}{35}$$

답 ③

15 해설

함수 $f(x)$가 실수 전체의 집합에서 증가하면 닫힌구간 $[k,\ k+3]$에서의 최솟값과 최댓값이 각각 8, 80이 되게 하는 실수 k는 최대 1개가 되므로 조건 (나)를 만족할 수 없다. 따라서 함수 $f(x)$는 극값을 가진다.

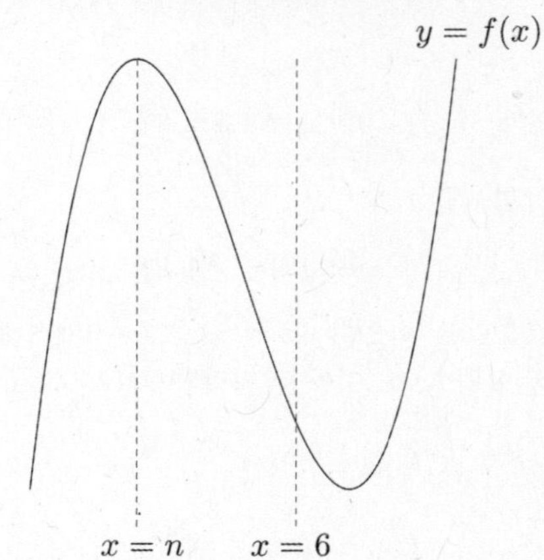

조건 (가)에 의하여

구간 $(-\infty, 6)$에서 $x = n$ $(0 < n < 6)$에서만
극값(극댓값)을 가진다. …… ㉠
조건 (나)를 살펴보자. 닫힌구간 $[1, 4]$, $[3, 6]$에서
함수 $f(x)$의 최솟값과 최솟값이 각각 8, 80이다.

닫힌구간 $[1, 4]$에서 $f'(x) \neq 0$라고 가정하자.

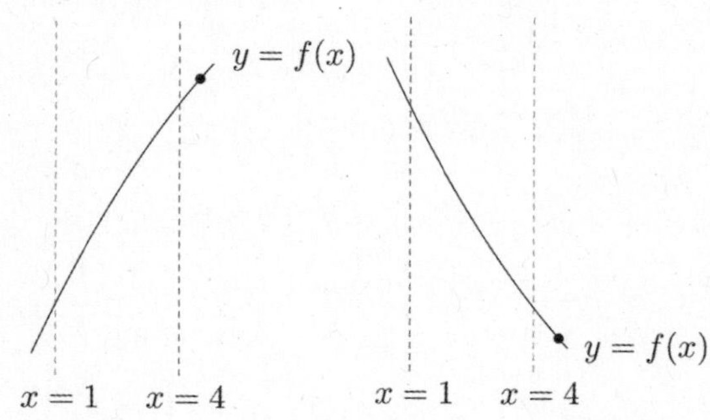

닫힌구간 $[1, 4]$에서 함수 $f(x)$의 최솟값과 최댓값은
$f(1)$, $f(4)$ 중 하나다. $4 \leq x \leq 6$이고 함숫값 $f(x)$이
$f(1)$와 $f(4)$ 사이에 있지 않은 실수 x가 존재한다.
따라서
　닫힌구간 $[1, 4]$에서 $f'(x) = 0$의 실근이 존재한다.
닫힌구간 $[3, 6]$에서도 마찬가지로
　'닫힌구간 $[3, 6]$에서 $f'(x) = 0$의 실근이 존재한다.'
임을 알 수 있다. 그러므로
　『닫힌구간 $[3, 4]$에서 $f'(x) = 0$의 실근이 존재한다.』
　　　　　　　　　　　　　　　…… ㉡

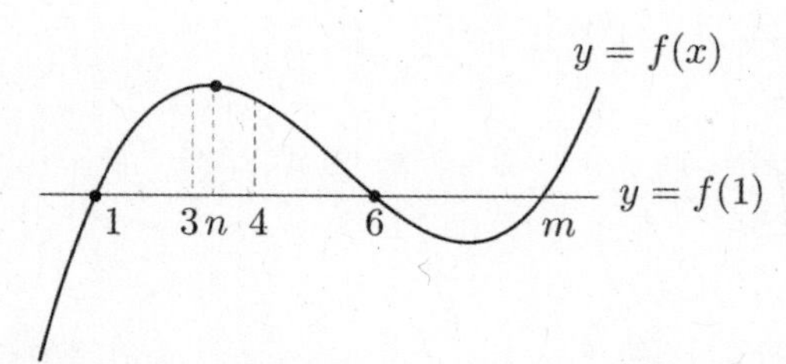

㉠, ㉡에 만족하도록 삼차함수 $f(x)$를 그리면 위와 같다.
닫힌구간 $[1, 4]$, $[3, 6]$에서 함수 $f(x)$의 최솟값과
최솟값이 같다면
$$f(1) = f(6)$$
여야 한다. 따라서
$$f(x) = k(x-1)(x-6)(x-m) + f(1) \ \cdots\cdots \ ㉢$$
$$(k > 0, \ m은 \ 6 \ 이상의 \ 자연수)$$
라 할 수 있다. n은 자연수이므로
　함수 $f(x)$는 열린구간 $(1, 6)$에서
　　ⅰ) $x = 4$에서만 극댓값을 가지거나($n = 4$)
　　ⅱ) $x = 3$에서만 극댓값을 가진다.($n = 3$)

ⅰ) $x = 4$에서 극댓값을 가질 때
$\{f(1), f(4)\} = \{8, 80\}$이며 $f'(4) = 0$이다.
$f'(x) = k(x-1)(x-6) + k(x-1)(x-m) + k(x-6)(x-m)$
$f'(4) = k(-m-2)$
이고 $f'(4) = 0$이므로
$$m = -2$$
이다. 이 경우 ㉢을 만족하지 못한다.

ⅰ) $x = 3$에서 극값을 가질 때
$\{f(1), f(3)\} = \{8, 80\}$이며 $f'(3) = 0$이다.
$f'(x) = k(x-1)(x-6) + k(x-1)(x-n) + k(x-6)(x-n)$
$f'(3) = k(n-9)$
이다. $f'(3) = 0$이므로
$$m = 9, \ f(x) = k(x-1)(x-6)(x-9) + f(1)$$
이다. 닫힌구간 $[1, 4]$에서 함수 $f(x)$의 최솟값과 최댓값
이 각각 $f(1)$, $f(3)$이므로
$$f(1) = 8, \ f(x) = k(x-1)(x-6)(x-9) + 8$$
이며
$$f(3) = 80$$
$$36k + 8 = 80, \ k = 2$$
이다. 그러므로
$$f(x) = 2(x-1)(x-2)(x-9) + 8,$$
$$f(2n) = f(6) = 8$$
이다.

답　②

16 해설

$$\lim_{x \to -1} \frac{1}{x+1}\left(x - \frac{1}{x}\right) = \lim_{x \to -1} \frac{1}{x+1}\left(\frac{x^2-1}{x}\right) = \lim_{x \to -1} \frac{x-1}{x} = 2$$

답　2

17 해설

첫째항이 1이고 공차가 5인 등차수열 $\{a_n\}$의 일반항은
$a_n = 1 + (n-1) \times 5 = 5n - 4$이므로
$a_2 = 2 \times 5 - 4 = 6,$
$a_{122} = 5 \times 122 - 4 = 606$이다.

$a_2 \times a_k = a_{122}$에서 $a_k = \dfrac{a_{122}}{a_2} = \dfrac{606}{6} = 101$이므로

$$a_k = 5k - 4 = 101에서 \ k = 21$$

답　21

18 해설

$\sin\theta - \cos\theta = a$라 하면 $\sin\theta + \cos\theta = -\dfrac{\sqrt{2}}{3}$이고,

$(\sin\theta - \cos\theta)^2 + (\sin\theta + \cos\theta)^2 = 2\sin^2\theta + 2\cos^2\theta = 2$
이므로

$$a^2 + \left(-\frac{\sqrt{2}}{3}\right)^2 = 2, \ a^2 = \frac{16}{9}$$

이때, $\dfrac{\pi}{2} < \theta < \pi$이므로 $\cos\theta < 0 < \sin\theta$

따라서 $a = \dfrac{4}{3}$이고, $6(\sin\theta - \cos\theta) = 6a = 8$

답　8

19 해설

선분 AB와 곡선 $y = \dfrac{4}{3}x^2$이 만나는 점의 x좌표를 k라

하면 직선 AB의 방정식은 $y = -x + 15$이므로

$$-k + 15 = \frac{4}{3}k^2$$

$$\Rightarrow 4k^2 + 3k - 45 = 0$$

$$\Rightarrow (k-3)(4k+15) = 0$$

$$\Rightarrow k = 3 \quad (\because 0 < k < 6)$$

이다. 따라서 구하는 값은

$$2\int_0^3 \frac{4}{3}x^2\,dx + 2\int_3^6 (-x+15)\,dx = \left[\frac{8x^3}{9}\right]_0^3 + \left[-x^2 + 30x\right]_3^6$$

$$= (24 - 0) + (144 - 81)$$

$$= 87$$

이다.

답 87

20 해설

$a\displaystyle\int_0^2 f(t)\,dt = A$, $\dfrac{5}{12}\displaystyle\int_{-2}^2 |f(t)|\,dt = B$라 하면 $B \geq 0$을

만족한다. $\cdots$ (ㄱ)

조건 (가)에 의해 $f(x) = Ax^3 + Bx$를 만족한다.

함수 $f(x)$를 0부터 2까지 적분하면

$$\int_0^2 f(x)\,dx = \int_0^2 (Ax^3 + Bx)\,dx$$이고, 이는 $4A + 2B$이다.

따라서 (ㄱ)에 의하여 $a\displaystyle\int_0^2 f(t)\,dt = a(4A + 2B) = A$이다.

$\cdots$ (ㄴ)

함수 $|f(x)|$를 -2부터 2까지 적분하면

$$\int_{-2}^2 |f(x)|\,dx = \int_{-2}^2 |Ax^3 + Bx|\,dx$$이다. 조건 (나)에

의하여 함수 $f(x)$는 닫힌구간 $[0,2]$에서 부호변화가 없다.

따라서

$i)\ |Ax^3 + Bx| = -Ax^3 - Bx \quad (f(x) \leq 0)$

$ii)\ |Ax^3 + Bx| = Ax^3 + Bx \quad (f(x) \geq 0)$

를 만족한다.

$f(x) = Ax^3 + Bx = x(Ax^2 + B)$인데, 닫힌구간 $[0,2]$에서

$x \geq 0$이고 (ㄱ)에서 $B \geq 0$이므로 $Ax^2 + B \geq 0$인 구간이

존재한다. 따라서 (나) 조건을 만족시키려면 닫힌구간

$[0,2]$에서 $Ax^3 + Bx \geq 0$이어야 하고, 따라서 $i)$은

모순이다. 이 때 Ax^3과 Bx는 둘 다 원점 대칭인

함수이므로

$$\int_{-2}^2 |Ax^3 + Bx|\,dx$$

$$= -\int_{-2}^0 (Ax^3 + Bx)\,dx + \int_0^2 (Ax^3 + Bx)\,dx$$이고, 이는

$$2\int_0^2 (Ax^3 + Bx)\,dx$$이다.

$$\int_{-2}^2 |f(t)|\,dt = 2\int_0^2 (Ax^3 + Bx)\,dx = \frac{12}{5}B,$$

$8A + 4B = \dfrac{12}{5}B$, $5A + B = 0$이다. $\cdots$ (ㄷ)

$f(x) = Ax^3 + Bx = -\dfrac{B}{5}x(x^2 - 5)$이므로 (나) 조건을

만족시킨다. (ㄴ)과 (ㄷ)을 연립하면 $-6aA = A$ 이고,

함수 $f(x)$는 삼차함수이므로 $B \neq 0$이다. 따라서

$a = -\dfrac{1}{6}$를 만족한다. 구하고자 하는 $a^2 = \dfrac{1}{36} = \dfrac{q}{p}$,

$p + q = 37$이다.

$\therefore 37$

답 37

21 해설

$f(0) = 0$이므로 $f(x)$는 x으로 나누어 떨어져야 하며

$\displaystyle\lim_{x \to 0^-} \dfrac{\sqrt{|f(x-a)|}}{f(x)}$의 값이 존재하므로

$f(x-a)$는 x^2으로 나누어 떨어진다.

따라서

$f(x)$는 $(x+a)^2$으로 나누어 떨어진다.

그러므로

$$f(x) = kx(x+a)^2$$

이다. 마찬가지로 $f(x-b) + a$ 역시 x^2으로 나누어 떨어지므로

$f(x) + a$는 $(x+b)^2$으로 나누어 떨어진다.

그러므로

$$f'(-b) = 0, \quad f(-b) = -a$$

이다.

$$f'(x) = 3k(x+a)\left(x + \frac{a}{3}\right)$$

이므로

$$-b = -\frac{a}{3}, \quad b = \frac{a}{3}$$

이다. 따라서 $f\left(-\dfrac{a}{3}\right) = -a$이며

$$-\frac{4k}{27}a^3 = -a, \quad \therefore k = \frac{27}{4a^2}, \quad f(x) = \frac{27}{4a^2}x(x+a)^2$$

이다.

$$\lim_{x\to0-}\frac{\sqrt{|f(x-a)|}}{f(x)}=\lim_{x\to0-}\frac{\sqrt{\dfrac{27}{4a^2}\,|(x-a)x^2|}}{\dfrac{27}{4a^2}x(x+a)^2}$$

$$=\lim_{x\to0-}\frac{-x\sqrt{\dfrac{27}{4a^2}\,|x-a|}}{\dfrac{27}{4a^2}x(x+a)^2}$$

$$=-\frac{\sqrt{\dfrac{27}{4a^2}\times a}}{\dfrac{27}{4a^2}\times a^2}=-\frac{2}{3\sqrt{3a}}$$

이다.

$$\lim_{x\to0-}\frac{x}{\sqrt{|f(x-b)+a|}}=\lim_{x\to0-}\frac{x}{\sqrt{\left|\,f\!\left(x-\dfrac{a}{3}\right)+a\right|}}$$

$$=\lim_{x\to0+}\frac{x}{\sqrt{\dfrac{27}{4a^2}\,|(x+a)x^2|}}$$

$$=\lim_{x\to0+}\frac{1}{\sqrt{\dfrac{27}{4a^2}\,|x+a|}}$$

$$=\frac{2\sqrt{a}}{3\sqrt{3}}$$

이다. 따라서

$$-\frac{2}{3\sqrt{3a}}+\frac{2\sqrt{a}}{3\sqrt{3}}=0$$

$$\sqrt{a}=1$$

이다. 그러므로

$$a=1$$

이다. 따라서

$$\therefore\ f(x)=\frac{27}{4}x(x+1)^2,\ f(3)=324$$

이다.

답 324

22 해설

$n=-1$일 때, $n+1=0$이므로 $\log_2(n+1)^2$의 값을 구하지 못한다. $\log_2(-n^2+2n+24)$의 값을 구하려면 $-n^2+2n+24>0$여야 한다.

$$-n^2+2n+24>0\ \Leftrightarrow\ -(n+4)(n-6)>0$$
$$\Leftrightarrow\ (n+4)(n-6)<0$$
$$\Leftrightarrow\ -4<n<6$$

이다. 따라서

$-4<n<6,\ n\neq-1$일 때
$2\log_2(-n^2+2n+24)-\log_2(n+1)^2$의 값을 구할 수 있다.

$-4<n<6,\ n\neq-1$일 때

$$2\log_2(-n^2+2n+24)-\log_2(n+1)^2>a$$

$$\Leftrightarrow\ \log_2(-n^2+2n+24)-\frac{1}{2}\log_2(n+1)^2-\frac{1}{2}a>0$$

$$\Leftrightarrow\ \log_2\!\left(\frac{-n^2+2n+24}{2^{\frac{a}{2}}\times|n+1|}\right)>0$$

$$\Leftrightarrow\ -n^2+2n+24>2^{\frac{a}{2}}\times|n+1|$$

이다. 편의상 $2^{\frac{a}{2}}=b$라 하자.

$-4<n<6,\ n\neq-1$일 때

$$2\log_2(-n^2+2n+24)-\log_2(n+1)^2>a$$
$$\Leftrightarrow\ -n^2+2n+24>b\times|n+1|\ \cdots\cdots\ \bigcirc$$

$-4<x<6,\ x\neq-1$인 영역에서 함수
$f(x)=-x^2+2x+24$의 그래프와 함수 $g(x)=b|x+1|$의 그래프는 아래와 같다.

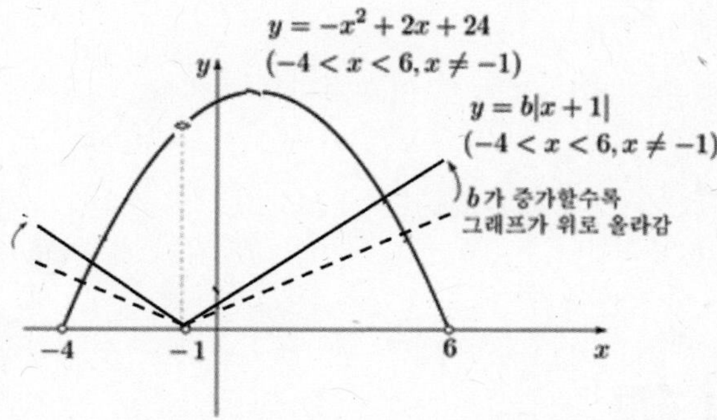

정수 m $(-4<m<6,\ m\neq-1)$에 대하여 함수 $g(x)$의 그래프가 점 $(m,\,f(m))$을 지날 때의 b의 값을 b_m이라 할 때 m과 b_m을 표로 나타내면 다음과 같다.

m	-3	-2	0	1	2	3	4	5
b_m	$\dfrac{9}{2}$	16	24	$\dfrac{25}{2}$	8	$\dfrac{21}{4}$	$\dfrac{16}{5}$	$\dfrac{3}{2}$

이다. 위 표와 $\bigcirc$을 바탕으로 b의 값을 증가시키면서 $n(A)$, $n(B)$의 값을 구해보자.

$b<\dfrac{3}{2}$일 때, $n(A)=8$, $n(B)=0$

$b=\dfrac{3}{2}$일 때, $n(A)=7$, $n(B)=0$

$$\vdots\qquad\qquad\vdots$$

$b=\dfrac{9}{2}$일 때, $n(A)=5$, $n(B)=2$

$\dfrac{9}{2}<b<\dfrac{21}{4}$일 때, $n(A)=5$, $n(B)=3$

$b=\dfrac{21}{4}$일 때, $n(A)=4$, $n(B)=3$

$$\vdots\qquad\qquad\vdots$$

따라서
$$\frac{9}{2} < b < \frac{21}{4}$$
이다.
$$\frac{9}{2} < 2^{\frac{a}{2}} < \frac{21}{4}$$
$$\therefore \ 81 < 2^{a+2} < \frac{441}{4} \ (=110.25)$$
따라서
$(2^{a+2}$의 값이 될 수 있는 가장 작은 자연수$)=82$

$(2^{a+2}$의 값이 될 수 있는 가장 큰 자연수$)=110$
이다.
$$110+82=192$$

답 192

확률과 통계

23 해설

이항분포

확률변수 X가 이항분포 $\mathrm{B}\!\left(18, \dfrac{1}{3}\right)$을 따르므로

$$\mathrm{V}(X)=18\times\frac{1}{3}\times\frac{2}{3}=4 \text{이다.}$$

답 ①

24 해설

사건 A를 본선에 진출한 사람 중 임의로 선택한 사람이 20대인 경우라 하고 사건 B를 본선에 진출한 사람 중 임의로 선택한 사람이 남자인 사건이라 하면

$$P(A)=\frac{6}{10}\times\frac{8}{10}+\frac{4}{10}\times\frac{2}{10}=\frac{56}{100}$$

$$P(A\cap B)=\frac{6}{10}\times\frac{8}{10}$$

$$\therefore \ P(B|A)=\frac{P(A\cap B)}{P(A)}=\frac{6}{7}$$

답 ⑤

25 해설

$$\mathrm{P}(A\cup B)=\mathrm{P}(A|B^{C})=\frac{\mathrm{P}(A\cap B^{C})}{\mathrm{P}(B^{C})}$$

$$=\frac{3}{2}\mathrm{P}(A\cap B^{C}) \ \left(\because \ \mathrm{P}(B)=\frac{1}{3}\right)$$

한편,

$$\mathrm{P}(A\cup B)=\mathrm{P}(A\cap B^{C})+\mathrm{P}(B)$$

이므로

$$\frac{3}{2}\mathrm{P}(A\cap B^{C})=\mathrm{P}(A\cap B^{C})+\mathrm{P}(B)$$

$$\Rightarrow \mathrm{P}(A\cap B^{C})=\frac{2}{3}$$

이다. 따라서

$$\mathrm{P}(B|A)=\frac{3}{10}$$

$$\Rightarrow \frac{\mathrm{P}(A\cap B)}{\mathrm{P}(A\cap B^{C})+\mathrm{P}(A\cap B)}=\frac{3}{10}$$

$$\Rightarrow \mathrm{P}(A\cap B)=\frac{2}{7} \ \left(\because \ \mathrm{P}(A\cap B^{C})=\frac{2}{3}\right)$$

이다.

답 ⑤

26 해설

모평균이 m, 모표준편차가 σ인 모집단에서 36개의 표본을 임의추출하여 구한 표본평균이 84이므로 모평균 m에 대한 95%의 신뢰구간은

$$84-1.96\times\frac{\sigma}{\sqrt{36}}\le m \le 84+1.96\times\frac{\sigma}{\sqrt{36}}$$

이다. 이 신뢰구간이 $82.6\le m\le a$이므로

$$84+1.96\times\frac{\sigma}{6}=a, \ \ 84-1.96\times\frac{\sigma}{6}=82.6$$

$$\Rightarrow \sigma=\frac{30}{7}, \ a=85.4$$

이다.
$$\therefore \ \sigma\times a=366$$

답 ③

27 해설

(i) 7개의 문자를 나열할 때 r이 맨 처음에 나오는 경우
두 번째에 p가 나와야 하므로 구하는 경우의 수는

$$\frac{5!}{3!2!}=10$$

(ii) 7개의 문자를 나열할 때 r이 맨 나중에 나오는 경우
위의 (i)과 마찬가지 방법으로 $\dfrac{5!}{3!2!}=10$

(iii) 7개의 문자를 나열할 때 r이 중간에 나오는 경우
q, r이 이웃하지 않아야 하므로 r의 양 옆에는 p가 놓여야 한다.
세 문자 p, r, p를 한 묶음으로 보고 5개의 문자 $p, q, q, q, (p, r, p)$를 나열하는 경우의 수는

$$\frac{5!}{3!}=20$$

(i), (ii), (iii)에 의하여 구하는 경우의 수는
$$10+10+20=40$$

답 ①

28 [해설]

집합 X의 원소의 개수가 3이고, 집합 Y의 원소의
개수가 4이므로
집합 X에서 집합 Y로의 함수의 개수는 $4^3 = 64$이다.
이 함수 중에서 $f(1) + f(2) = f(3)$을 만족시키는 경우는
다음과 같다.
(i) $f(3) = 2$일 때,
$f(1) = 1$, $f(2) = 1$의 1가지
(ii) $f(3) = 4$일 때,
$f(1) = 2$, $f(2) = 2$의 1가지
(iii) $f(3) = 5$일 때,
$f(1) = 1, f(2) = 4$ 또는 $f(1) = 4, f(2) = 1$의 2가지
(i), (ii), (iii)에서 $f(1) + f(2) = f(3)$을 만족시키는 함수의
개수는 $1 + 1 + 2 = 4$

이므로 구하는 확률은 $\dfrac{4}{64} = \dfrac{1}{16}$

$$\text{답} \quad ⑤$$

29 [해설]

조건 (가)에 의하여

$$P(X=1) = \frac{a}{2} - \frac{1}{12} = \frac{6a-1}{12}$$

$$P(X=2) = \frac{a}{3} - \frac{1}{12} = \frac{4a-1}{12}$$

$$P(X=3) = \frac{a}{4} - \frac{1}{12} = \frac{3a-1}{12}$$

또한, $P(X=7-x) = \dfrac{1}{2}P(X=x)$ 이므로

$$P(X=6) = \frac{1}{2}P(X=1) = \frac{6a-1}{24}$$

$$P(X=5) = \frac{1}{2}P(X=2) = \frac{4a-1}{24}$$

$$P(X=4) = \frac{1}{2}P(X=3) = \frac{3a-1}{24}$$

$$\sum_{k=1}^{6} P(X=k)$$
$$= \frac{(12a-2)+(8a-2)+(6a-2)+(6a-1)+(4a-1)+(3a-1)}{24}$$
$$= \frac{39a-9}{24} = \frac{13a-3}{8} = 1$$

따라서 $13a - 3 = 8$이므로 $a = \dfrac{11}{13}$

$$f(x) = b|x-1| + \frac{1}{4} \quad (0 \le x \le 2)$$
$$= \begin{cases} -b(x-1) + \dfrac{1}{4} & (0 \le x < 1) \\ b(x-1) + \dfrac{1}{4} & (1 \le x \le 2) \end{cases}$$

$f(x)$는 확률밀도함수이므로 함수 $y = f(x)$의 그래프와
x축 및 두 직선 $x=0, x=2$로 둘러싸인 부분의 넓이가
1이다.

$f(0) = b + \dfrac{1}{4}, f(1) = \dfrac{1}{4}$이고 함수 $y = f(x)$는 직선 $x = 1$에
대하여 대칭이므로

$$\frac{1}{2} \times 1 \times \left\{ \left(b + \frac{1}{4} \right) + \frac{1}{4} \right\} = \frac{1}{2} \text{에서}$$

$$b + \frac{1}{2} = 1, b = \frac{1}{2}$$

$f\left(\dfrac{1}{2}\right) = \dfrac{1}{2}, f(1) = \dfrac{1}{4}$이므로

$$P\left(\frac{1}{2} \le Y \le 1 \right) = \frac{1}{2} \times \frac{1}{2} \times \left(\frac{1}{2} + \frac{1}{4} \right) = \frac{3}{16}$$

따라서 구하려는 $a \times P\left(\dfrac{1}{2} \le Y \le 1 \right) = \dfrac{33}{208}$

$$\text{답} \quad 241$$

30 [해설]

함수 g의 치역을 Z'이라 하자.
(가)조건에 의해 가능한 집합 Z'으로는
$\{0\}$, $\{1\}$, $\{2\}$, $\{0, 1\}$, $\{0, 2\}$, $\{1, 2\}$가 있다.

① $Z' = \{0\}$인 경우

$\displaystyle\sum_{x=1}^{3} f(x)g(x) = 0$이므로 (나)조건에 모순이다.

② $Z' = \{1\}$인 경우

$\displaystyle\sum_{x=1}^{3} f(x)g(x) = f(1) + f(2) + f(3) = 4$이고

함수 $f(x)$의 공역이 $Y = \{0, 1, 2, 3\}$이므로
$0 \le f(x) \le 3$이다
따라서 $f(1) + f(2) + f(3) = 4$의 경우의 수는
${}_3H_4$에서 $f(x) = 4$인 3가지 경우의 수를 뺀
${}_3H_4 - 3 = 12$이다.

③ $Z' = \{2\}$인 경우

$\displaystyle\sum_{x=1}^{3} f(x)g(x) = 2\{f(1) + f(2) + f(3)\} = 4$이므로

$f(1) + f(2) + f(3) = 2$이다.
따라서 구하고자 하는 경우의 수는 ${}_3H_2 = 6$이다.

④ $Z' = \{0, 1\}$인 경우
(i) $g(x) = 0$을 만족하는 x의 개수가 1개인 경우
$g(x) = 0$인 x를 정하는 경우의 수는 ${}_3C_1$이다.
예를 들어, $g(1) = 0$인 경우 $g(2) = g(3) = 1$이고

$\displaystyle\sum_{x=1}^{3} f(x)g(x) = f(2) + f(3) = 4$가 된다.

이를 만족하는 경우의 수는
$(f(2), f(3)) = (1, 3)$
$(f(2), f(3)) = (2, 2)$
$(f(2), f(3)) = (3, 1)$ 으로 3가지이다.

$f(1)$의 경우의 수는 4이므로
따라서 (ⅰ)의 경우의 수는 $_3C_1 \times 3 \times 4 = 36$

(ⅱ) $g(x) = 0$을 만족하는 x의 개수가 2개인 경우
예를 들어 $g(1) = g(2) = 0$이라 하자.

그러면 $\sum_{x=1}^{3} f(x)g(x) = f(3) = 4$이므로 불가능하다.

⑤ $Z' = \{0, 2\}$인 경우
(ⅰ) $g(x) = 0$을 만족하는 x의 개수가 1개인 경우
$g(x) = 0$인 x를 정하는 경우의 수는 $_3C_1$이다.
예를 들어, $g(1) = 0$인 경우 $g(2) = g(3) = 2$이고

$\sum_{x=1}^{3} f(x)g(x) = 2\{f(2)+f(3)\} = 4$가 된다.

$f(1)$의 경우의 수는 4이므로
(ⅰ)의 경우의 수는 $_3C_1 \times _2H_2 \times 4 = 36$이다.

(ⅱ) $g(x) = 0$을 만족하는 x의 개수가 2개인 경우
$g(x) = 0$인 x를 정하는 경우의 수는 $_3C_2$이다.
예를 들어 $g(1) = g(2) = 0$이라 하자.

그러면 $\sum_{x=1}^{3} f(x)g(x) = 2f(3) = 4$이므로 $f(3) = 2$이다.

$f(1)$과 $f(2)$의 경우의 수는 각각 4이므로
(ⅱ)의 경우의 수는 $_3C_2 \times 4 \times 4 = 48$이다.

⑥ $Z' = \{1, 2\}$인 경우
(ⅰ) $g(x) = 1$을 만족하는 x의 개수가 1개인 경우
$g(x) = 1$인 x를 정하는 경우의 수는 $_3C_1$이다.
예를 들어, $g(1) = 1$인 경우 $g(2) = g(3) = 2$이고

$\sum_{x=1}^{3} f(x)g(x) = f(1) + 2\{f(2)+f(3)\} = 4$가 된다.

$f(1) = 0$일 때, $f(2) + f(3) = 2$이므로 $_2H_2$,
$f(1) = 2$일 때, $f(2) + f(3) = 1$이므로 $_2H_1$,
(ⅰ)의 경우의 수는 $_3C_1 \times (_2H_2 + _2H_1) = 15$이다.

(ⅱ) $g(x) = 1$을 만족하는 x의 개수가 2개인 경우
$g(x) = 1$인 x를 정하는 경우의 수는 $_3C_2$이다.
예를 들어 $g(1) = g(2) = 1$이라 하자.

그러면 $\sum_{x=1}^{3} f(x)g(x) = f(1) + f(2) + 2f(3) = 4$이므로
$f(3) = 0$일 때, $f(1) + f(2) = 4$이므로 3,
$f(3) = 1$일 때, $f(2) + f(3) = 2$이므로 $_2H_2$,
$f(3) = 2$일 때, $f(2) + f(3) = 0$이므로 1,
(ⅱ)의 경우의 수는 $_3C_2 \times (3 + _2H_2 + 1) = 21$이다.

그러므로 구하고자하는 총 경우의 수는
$12 + 6 + 36 + (36 + 48) + (15 + 21) = 174$이다.

답 174

23 해설

$$\lim_{n \to \infty} \frac{\sqrt{2n+6} - \sqrt{2n}}{\sqrt{2n+2} - \sqrt{2n}}$$

$$= \lim_{n \to \infty} \frac{(2n+6) - 2n}{(2n+2) - 2n} \times \frac{\sqrt{n+2} + \sqrt{n}}{\sqrt{n+6} + \sqrt{n}}$$

$$= 3 \times \lim_{n \to \infty} \frac{\sqrt{1 + \dfrac{2}{n}} + 1}{\sqrt{1 + \dfrac{6}{n}} + 1}$$

$$= 3$$

답 ③

24 해설

$\tan\theta = -|\tan\theta|$이므로 $\tan\theta < 0$

$\cos\theta = \dfrac{3}{5}$이므로 $\cos\theta > 0$

즉, θ는 제4사분면의 각이다.

$\cos\theta = \dfrac{3}{5}$에서 $\sin^2\theta = 1 - \cos^2\theta = \dfrac{16}{25}$이므로

$\sin\theta = -\dfrac{4}{5}$ $(\because \sin\theta < 0)$

$\therefore \sin\left(\theta + \dfrac{\pi}{4}\right) = \dfrac{\sqrt{2}}{2}\sin\theta + \dfrac{\sqrt{2}}{2}\cos\theta$

$\qquad = -\dfrac{4\sqrt{2}}{10} + \dfrac{3\sqrt{2}}{10}$

$\qquad = -\dfrac{\sqrt{2}}{10}$

답 ①

25 해설

문제의 두 식을 연립하면 모든 자연수 n에 대하여

$$\frac{\dfrac{n^2+1}{n}}{\dfrac{2n^3+5n}{n^2+1}} < b_n < \frac{\dfrac{n^2+4}{n}}{\dfrac{2n^3+n}{n^2+4}}$$

$$\Rightarrow \frac{(n^2+1)^2}{n(2n^3+5n)} < b_n < \frac{(n^2+4)^2}{n(2n^3+n)}$$

이고, 이때

$$\lim_{n \to \infty} \frac{(n^2+1)^2}{n(2n^3+5n)} = \lim_{n \to \infty} \frac{(n^2+4)^2}{n(2n^3+n)} = \frac{1}{2}$$

이므로 수열의 극한의 대소관계에 의해

$$\lim_{n \to \infty} b_n = \frac{1}{2}$$

임을 알 수 있다.

답 ①

26 해설

$$\frac{dx}{dt}=2, \quad \frac{dy}{dt}=3-\frac{3}{t^4}$$

점 P의 속력을 $f(t)$라 하면,

$$f(t)=\sqrt{\left(3-\frac{3}{t^4}\right)^2+4}$$

이므로 $\frac{1}{t^4}=1$, 즉 $t=1$일 때 최솟값 2를 갖는다.

$\frac{d^2x}{dt^2}=0$, $\frac{d^2y}{dt^2}=\frac{12}{t^5}$ 이므로 $t=1$일 때 점 P의 가속도의

크기는 12이다.

답 ②

27 해설

모든 자연수 n에 대하여

$$a_{2n-1}>0>a_{2n}$$

이므로 주어진 조건에 의하여

$$b_1=a_1=1$$
$$b_{2n}=b_{2n+1}=a_{2n+1}=\left(\frac{1}{4}\right)^n$$

이다.

$$\begin{aligned}
\therefore \sum_{n=1}^{\infty} b_n &= b_1+(b_2+b_3)+(b_4+b_5)+(b_6+b_7)+\cdots \\
&= 1+2\left(\frac{1}{4}+\frac{1}{16}+\frac{1}{64}+\cdots\right) \\
&= 1+2\times\frac{\frac{1}{4}}{1-\frac{1}{4}} \\
&= \frac{5}{3}
\end{aligned}$$

답 ③

28 해설

점 P의 좌표를 (t, kt)라 두자. $(t>0)$

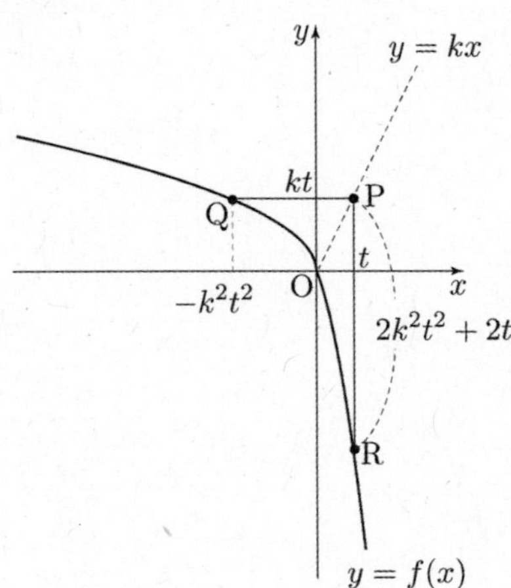

점 Q의 좌표는 $\left(-k^2t^2, kt\right)$이다. 따라서

$$\overline{PQ}=k^2t^2+t$$

이다. 따라서

$$\overline{PR}=2k^2t^2+2t$$

이다. 그러므로 점 R의 좌표는

$$(t, -2k^2t^2+kt-2t)$$

이다. 따라서 함수 $f(x)$는

$$f(x)=\begin{cases}\sqrt{-x^2} & (x<0)\\ -2k^2x^2+(k-2)x & (x\geq 0)\end{cases}$$

이다.

$$\begin{aligned}
\int_{-4}^{2} f(x)dx &= \int_{-4}^{0} f(x)dx + \int_{0}^{2} f(x)dx \\
&= \int_{-4}^{0}\sqrt{-x}\,dx+\int_{0}^{2}\{-2k^2x^2+(k-2)x\}dx \\
&= \left[\frac{2}{3}x\sqrt{-x}\right]_{-4}^{0}+\left[-\frac{2}{3}k^2x^3+\frac{k-2}{2}x^2\right]_{0}^{2} \\
&= \frac{16}{3}+\left(-\frac{16}{3}k^2+2k-4\right) \\
&= -\frac{16}{3}k^2+2k+\frac{4}{3}
\end{aligned}$$

이다. $\int_{-4}^{2} f(x)dx=-27$이므로

$$-\frac{16}{3}k^2+2k+\frac{4}{3}=-27$$
$$16k^2-6k-85=0$$
$$(2k-5)(8k+17)=0$$
$$k=\frac{5}{2}\quad(\because\ k>0)$$

이다. 따라서

$$f(x)=\begin{cases}\sqrt{-x^2} & (x<0)\\ -\frac{25}{2}x^2+\frac{1}{2}x & (x\geq 0)\end{cases}$$

이다. 그러므로

$$f(6)=-447$$

이다.

답 ②

29 해설

등비수열 $\{a_n\}$의 공비를 r이라 하자. 자연수 n에 대하여

$$b_{2n+1}=\frac{b_{2n}}{a_{n+2}}=\frac{1}{a_{n+2}}\times a_n b_{2n-1}=\frac{b_{2n-1}}{r^2}$$

이다. 따라서

$$b_{2n-1}==\frac{b_1}{r^{2n-2}}$$

이다.

$$b_{2n+2}=a_{n+1}b_{2n+1}=a_{n+1}\times\left(\frac{b_{2n}}{a_{n+2}}\right)=\frac{b_{2n}}{r}$$

이다. 따라서

$$b_{2n}=\frac{b_2}{r^{n-1}}=\frac{a_1 b_1}{r^{n-1}}$$

- 43 -

$a_2 = 1$이므로 $a_1 = \dfrac{1}{r}$이다. 따라서

$$b_{2n} = \frac{b_1}{r^n}$$

이다.

$$\lim_{n\to\infty}\left[\left(\sum_{k=1}^{n}a_k\right)\times\left\{\left(\sum_{k=1}^{2n}b_k\right)-\frac{7}{5}b_1\right\}\right]=1$$

이며 $r>1$이므로 $\lim\limits_{n\to\infty}\left[\left(\sum_{k=1}^{n}a_k\right)\right]=\infty$이다. 따라서

$$\lim_{n\to\infty}\left\{\left(\sum_{k=1}^{2n}b_k\right)-\frac{7}{5}b_1\right\}=0, \qquad \lim_{n\to\infty}\left(\sum_{k=1}^{2n}b_k\right)=\frac{7}{5}b_1$$

$$\sum_{k=1}^{2n}b_k=\sum_{k=1}^{n}b_{2k-1}+\sum_{k=1}^{n}b_{2k}=\frac{b_1\left(1-\frac{1}{r^{2n}}\right)}{1-\frac{1}{r^2}}+\frac{\frac{b_1}{r}\left(1-\frac{1}{r^n}\right)}{1-\frac{1}{r}}$$

$$\lim_{n\to\infty}\left(\sum_{k=1}^{2n}b_k\right)=\frac{b_1}{1-\frac{1}{r^2}}+\frac{\frac{b_1}{r}}{1-\frac{1}{r}}=\frac{b_1r^2}{r^2-1}+\frac{b_1}{r-1}$$

$$=\left(\frac{r^2}{r^2-1}+\frac{1}{r-1}\right)b_1$$

이다. 그러므로

$$\frac{r^2}{r^2-1}+\frac{1}{r-1}=\frac{7}{5}, \quad \frac{r^2+r+1}{r^2-1}=\frac{7}{5}$$

$$2r^2-5r-12=0 ,\quad (2r+3)(r-4)=0$$

이다. $r>1$이므로

$$r=4$$

이다.

$$\sum_{k=1}^{2n}b_k=\frac{16}{15}b_1\left(1-\frac{1}{16^n}\right)+\frac{b_1}{3}\left(1-\frac{1}{4^n}\right)$$

$$=\frac{7}{5}b_1-\left(\frac{b_1}{15}\right)\left(\frac{1}{16}\right)^{n-1}-\left(\frac{b_1}{12}\right)\left(\frac{1}{4}\right)^{n-1}$$

이다.

$$\left(\sum_{k=1}^{2n}b_k\right)-\frac{7}{5}b_1=-\left(\frac{b_1}{15}\right)\left(\frac{1}{16}\right)^{n-1}-\left(\frac{b_1}{12}\right)\left(\frac{1}{4}\right)^{n-1}$$

$$\sum_{k=1}^{n}a_k=\frac{a_1r^n-a_1}{r-1}=\frac{\left(\frac{1}{4}\right)4^n-\left(\frac{1}{4}\right)}{3}$$

$$=\frac{1}{12}(4^n-1)$$

$$\lim_{n\to\infty}\left[\left(\sum_{k=1}^{n}a_k\right)\times\left\{\left(\sum_{k=1}^{2n}b_k\right)-\frac{7}{5}b_1\right\}\right]$$

$$=\lim_{n\to\infty}\left[\frac{1}{12}(4^n-1)\times\left\{-\left(\frac{b_1}{15}\right)\left(\frac{1}{16}\right)^{n-1}-\left(\frac{b_1}{12}\right)\left(\frac{1}{4}\right)^{n-1}\right\}\right]$$

$$=\lim_{n\to\infty}\left\{\frac{4^n}{12}\times\left(-\frac{b_1}{12}\right)\left(\frac{1}{4}\right)^{n-1}\right\}=-\frac{b_1}{36},$$

이며

$$\lim_{n\to\infty}\left[\left(\sum_{k=1}^{n}a_k\right)\times\left\{\left(\sum_{k=1}^{2n}b_k\right)-\frac{7}{5}b_1\right\}\right]=-1$$이므로

$$b_1=36$$

이다. 그러므로

$$b_1+50=86$$

이다.

30 해설

문제의 조건을 만족하려면 x, y 사이에 $\dfrac{1}{2}$이 있도록 하는 모든 두 실수의 쌍 x, y에 대하여

$$\frac{g(x)-g(y)}{x-y}>0$$

이 되어야 한다. 즉, 두 점 $(x, g(x))$과 $(y, g(y))$을 잇는 직선의 기울기가 양수가 되어야 한다.

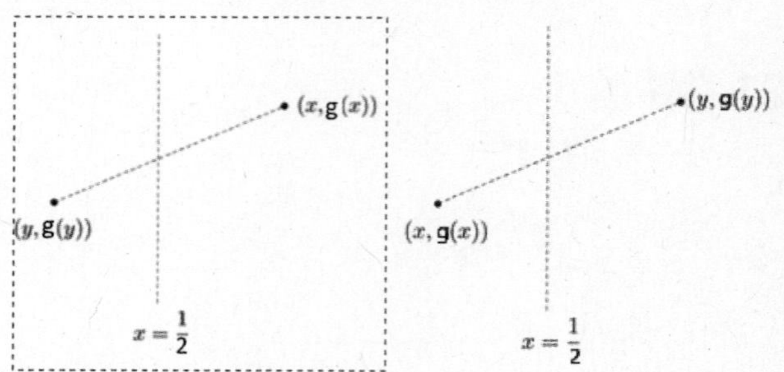

그러므로

$$x_1 < \frac{1}{2} < x_2$$인 모든 실수 x_1, x_2에 대하여

$g(x_1) < g(x_2)$이다. …… ㉠

$$f(x)=a(x-b), \quad h(x)=f(x)e^{-x^2}+1$$라 하자.

$$h'(x)=-2ax(x-b)e^{-x^2}+ae^{-x^2}$$

$$=-a(2x^2-2bx-1)e^{-x^2}$$

방정식의 $-2x^2+2bx+1=0$의 판별식은

$$D=4b^2+8>0$$

이므로 두 실근을 가진다. 두 실근을 α, β $(\alpha<\beta)$라 할 때 함수 $h(x)$의 증감을 표로 나타내고 함수 $h(x)$의 그래프를 그리면

i) $a>0$인 경우

x	$-\infty$	$\cdots$	α	$\cdots$	b	$\cdots$	β	$\cdots$	∞
$h'(x)$		$(-)$	0	$(+)$	$(+)$	$(+)$	0	$(-)$	
$h(x)$	1	$\searrow$	극대	$\nearrow$	1	$\nearrow$	극소	$\searrow$	1

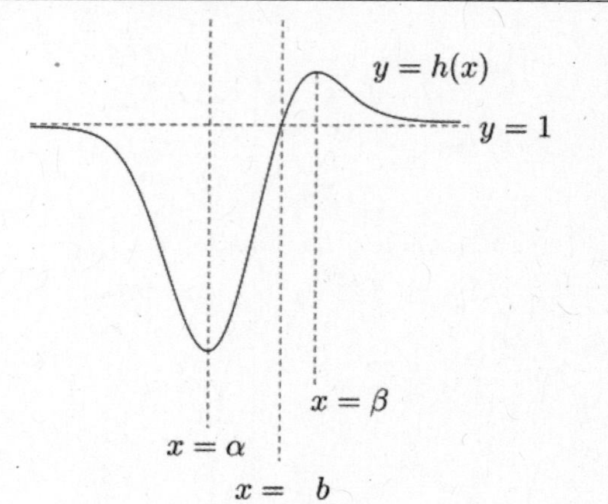

ii) $a < 0$인 경우

x	$-\infty$	$\cdots$	α	$\cdots$	b	$\cdots$	β	$\cdots$	∞
$h'(x)$		$(+)$	0	$(-)$	$(-)$	$(-)$	0	$(+)$	
$h(x)$	1	↗	극대	↘	1	↘	극소	↗	1

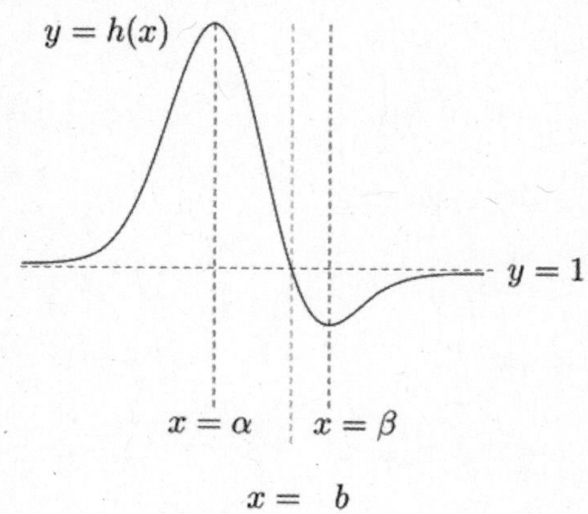

㉠을 만족시키기 위해서는

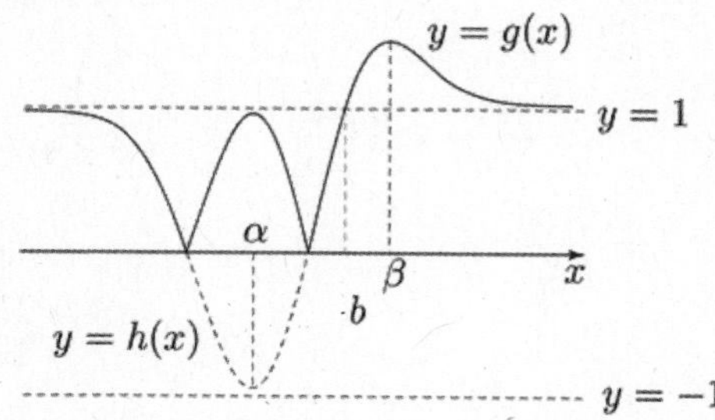

$$\therefore\ a > 0,\ b = \frac{1}{2},\ a < 0,\ h(\alpha) \geq -1$$

여야 한다. $b = \frac{1}{2}$이므로

$$h'(x) = -a(2x^2 - x - 1)e^{-x^2} = -a(2x+1)(x-1)e^{-x^2}$$

이다. 따라서

$$\alpha = -\frac{1}{2}$$

이며 $h(x) = a\left(x - \frac{1}{2}\right)e^{-x^2} + 1$이며 $h(\alpha) \geq -1$이므로

$$h(\alpha) = h\left(-\frac{1}{2}\right) = -ae^{-\frac{1}{4}} + 1 \geq -1$$

$$-ae^{-\frac{1}{4}} \geq -2$$

$$a \leq 2e^{\frac{1}{4}}$$

이다. $f(x) = a\left(x - \frac{1}{2}\right)$이며 $a > 0$이므로

$$|f(-1)| = \left| a\left(-1 - \frac{1}{2}\right) \right| = \frac{3}{2}a \leq 3e^{\frac{1}{4}}$$

이다. 따라서

$$\therefore\ p = 3,\ q = \frac{1}{4},\ 16(p+q) = 52$$

이다.

답 52

기하

23 해설

점 B는 점 A$(3, 1, -2)$를 xy평면에 대하여 대칭이동한 점이므로

B$(3, 1, 2)$ $\Rightarrow$ (선분 AB의 길이)$= 4$

이다.

답  ②

24 해설

두 평면벡터 $\vec{a}$와 $\vec{b}$는 서로 수직이므로 $\vec{a} \cdot \vec{b} = 0$이다.

$|\vec{a} + \vec{b}|^2 = |\vec{a}|^2 + |\vec{b}|^2$, $|\vec{a} - 2\vec{b}|^2 = |\vec{a}|^2 + 4|\vec{b}|^2$이므로

$|\vec{a} + \vec{b}| = \sqrt{3}$에서 $|\vec{a}|^2 + |\vec{b}|^2 = 3$ ······㉠

$|\vec{a} - 2\vec{b}| = 3$에서 $|\vec{a}|^2 + 4|\vec{b}|^2 = 9$ ······㉡

㉠, ㉡을 연립하여 풀면 $|\vec{a}| = 1$, $|\vec{b}| = \sqrt{2}$이다.

$$\therefore\ |\vec{a}| \times |\vec{b}| = \sqrt{2}$$

답  ④

25 해설

$\overline{AH} = 3\sqrt{3}$ ($\because$ $\triangle ABC$는 한 변의 길이가 6인 정삼각형) 이고 점 A의 평면 BCD 위로의 정사영이 M이므로 직선 AM은 평면 BCD와 수직이다. 따라서 삼수선의 정리에 의해 두 선분 MH, BC도 수직이다.

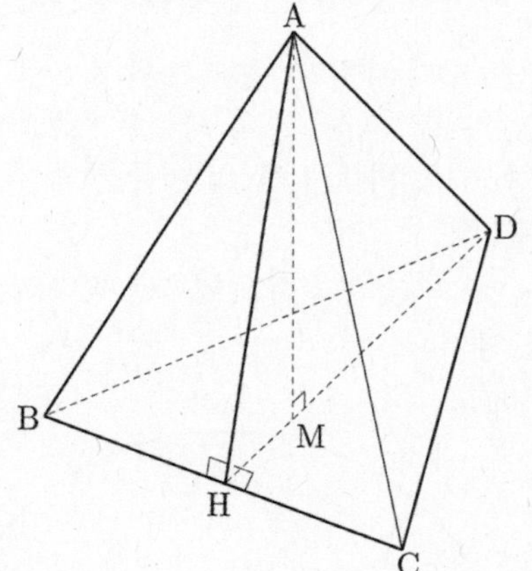

두 평면 ABC, BCD 사이의 이면각 θ는 $\angle$AHD와 같고

$$\tan\theta = \frac{4}{\sqrt{(3\sqrt{3})^2 - 4^2}} = \frac{4\sqrt{11}}{11}$$

이다.

답 ④

26 해설

포물선 $x^2 = 8y$의 준선의 방정식은 $y = -2$이므로 선분 AH의 길이를 k라 하면 점 A의 y좌표는 $k - 2$이고,

x좌표는 원의 반지름의 길이에 음수이므로 $-\dfrac{k}{2}$이다.

이때 점 $A\left(-\dfrac{k}{2},\ k-2\right)$는 포물선 $x^2=8y$ 위의 점이므로

$\dfrac{k^2}{4}=8(k-2),\ k^2-32k+64=0$

$\therefore\ k=16\pm\sqrt{(16)^2-64}=16\pm8\sqrt{3}$

이때 $k-2>2$, 즉 $k>4$이므로

$k=16+8\sqrt{3}$

따라서 포물선 $x^2=8y$ 위의 점

$A(-8-4\sqrt{3},\ 14+8\sqrt{3})$에서의 접선의 방정식은

$(-8-4\sqrt{3})x=\dfrac{8}{2}(y+14+8\sqrt{3})$

이므로 이 직선이 준선 $y=-2$과 만나는 점의 x좌표는

$(-8-4\sqrt{3})x=4(-2+14+8\sqrt{3})$

$\therefore\ x=-4\sqrt{3}$

답 ④

27 해설

원 $(x-4)^2+(y-3)^2=32$의 중심을 $C(4,\ 3)$라 하고,
선분 AB의 중점을 M이라 하면

$\overrightarrow{OA}+\overrightarrow{OB}=2\overrightarrow{OM}$

이므로 점 P은 선분 OM의 중점이다.

이때 직선 OP의 기울기가 $\dfrac{3}{4}$이므로 직선 OM의

기울기도 $\dfrac{3}{4}$이고 직선 OM은 점 C를 지난다.

점 A를 직선 OC에 대하여 대칭이동한 점을 B'이라 할
때, 점 B'을 지나고 직선 OC와 평행한 직선이 원과
만나는 점 중 B'이 아닌 점을 B''이라 하면 점 B가 될
수 있는 점은 B', B''이다.
이때, $\overrightarrow{OA}\cdot\overrightarrow{OB}$의 값이 최대인 경우는 점 B가 점 B'의
위치에 있을 때이다.

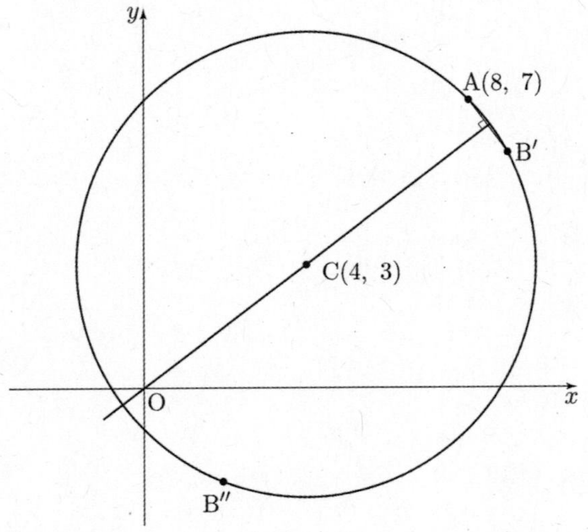

점 B'의 좌표를 $(a,\ b)$라 하면 점 M의 좌표는

$\left(\dfrac{a+8}{2},\ \dfrac{b+7}{2}\right)$이고, 점 M은 직선 $y=\dfrac{3}{4}x$ 위의

점이므로

$\dfrac{b+7}{2}=\dfrac{3}{4}\times\dfrac{a+8}{2}$

$\therefore\ 3a-4b=4$ $\qquad\cdots\cdots\ \bigcirc$

또한, 직선 AB'의 기울기는 $\dfrac{b-7}{a-8}$이고 직선 AB'과 직선

$y=\dfrac{3}{4}x$는 서로 수직이므로

$\dfrac{b-7}{a-8}\times\dfrac{3}{4}=-1$

$\therefore\ 4a+3b=53$ $\qquad\cdots\cdots\ \bigcirc\!\bigcirc$

$\bigcirc$, $\bigcirc\!\bigcirc$을 연립하여 풀면

$a=\dfrac{224}{25},\ b=\dfrac{143}{25}$

$\therefore\ \overrightarrow{OA}\cdot\overrightarrow{OB'}=(8,\ 7)\cdot\left(\dfrac{224}{25},\ \dfrac{143}{25}\right)$

$\qquad\qquad\quad=8\times\dfrac{224}{25}+7\times\dfrac{143}{25}$

$\qquad\qquad\quad=\dfrac{2793}{25}$

답 ②

28 해설

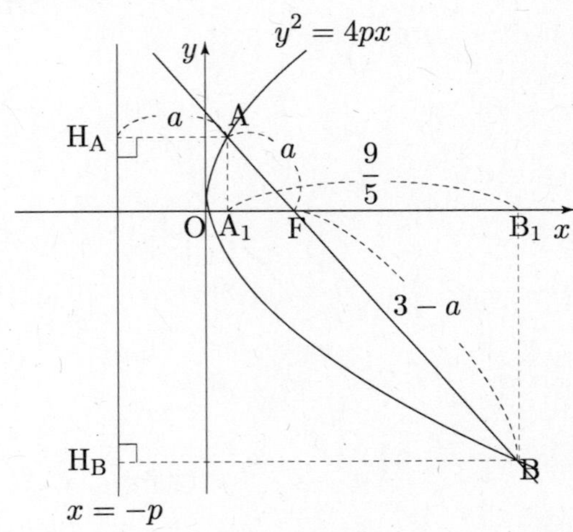

직선과 포물선 $y^2=4px$와 만나는 두 점 중 x좌표의
크기가 작은 것부터 점 A, 점 B라고 하자.

점 A에서 x축에 내린 수선의 발을 A_1, 직선 $x=-p$에
내린 수선의 발을 H_A라고 하자.

점 B에서 x축에 내린 수선의 발을 B_1, 직선 $x=-p$에
내린 수선의 발을 H_B라고 하자.

$\overline{AF}=a$라고 할 때 $\overline{BF}=3-a$이며 포물선의 정의에
의하여

$$\overline{H_A A} = a, \quad \overline{H_B B} = 3 - a$$

이다.

또한 직선의 기울기가 $-\dfrac{4}{3}$이므로

$$\overline{A_1 F} = \dfrac{3}{5}a$$

이다. $\overline{AB} = 3$이므로

$$\overline{A_1 B_1} = \dfrac{9}{5}$$

이다.

$$\overline{H_B B} = \overline{H_A A} + \overline{A_1 B_1}$$

$$3 - a = a + \dfrac{9}{5}$$

$$\therefore \ a = \dfrac{3}{5}$$

이다. 또한 $\overline{H_A A} + \overline{A_1 F} = 2p$이므로

$$\dfrac{3}{5} + \dfrac{9}{25} = 2p$$

$$\therefore \ p = \dfrac{12}{25}$$

이다.

답 ①

29 해설

$|\overrightarrow{AB}| = 6$이고 $\overrightarrow{AB} \cdot \overrightarrow{AC} = 24$이므로
점 C는 선분 AB의 $2 : 1$ 내분점을 지나고
직선 AB에 수직인 직선 위에 있다.
또한 $|\overrightarrow{CD}| = 1$이므로 점 D는 점 C를 중심으로 하고
반지름의 길이가 1인 원 위의 점이다.

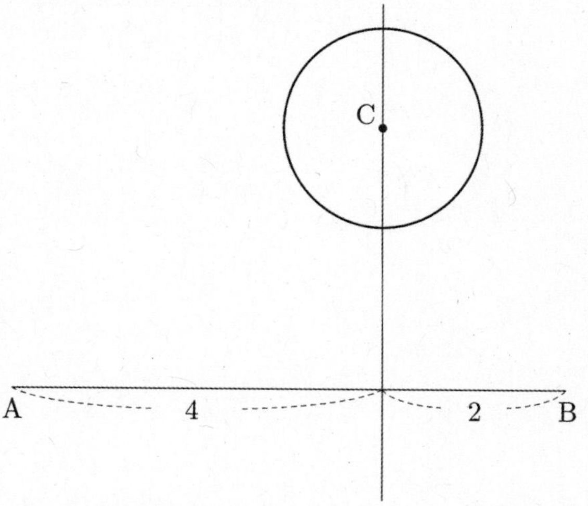

점 A를 원점으로, 점 B를 $(6,\ 0)$으로 하여 좌표평면
위에 올려 놓으면 점 C의 좌표는 $(4,\ a)$라 할 수 있다.
(일반성을 잃지 않고 $a > 0$을 가정할 수 있다.)
이때 점 D는 원 $(x-4)^2 + (y-a)^2 = 1$ 위의 점이다.

$\overrightarrow{AD} \cdot \overrightarrow{BC} = 0$이므로 직선 AD와 직선 BC는 서로 수직이다.

직선 BC의 기울기가 $-\dfrac{a}{2}$이므로 직선 AD의 기울기는 $\dfrac{2}{a}$이다.

직선 $y = \dfrac{2}{a}x$가 원 $(x-4)^2 + (y-a)^2 = 1$에 접하므로

x에 대한 이차방정식 $(x-4)^2 + \left(\dfrac{2}{a}x - a\right)^2 = 1$은 중근을
갖는다.

정리하면 $\left(1 + \dfrac{4}{a^2}\right)x^2 - 12x + (a^2 + 15) = 0$이므로

이 방정식의 판별식의 값이 0이어야 한다.

$$\dfrac{D}{4} = 36 - \left(1 + \dfrac{4}{a^2}\right)(a^2 + 15) = 0$$

$$36 - \left(a^2 + 19 + \dfrac{60}{a^2}\right) = 0$$

$$a^4 - 17a^2 + 60 = 0$$

$$a^2 = \dfrac{17 \pm \sqrt{17^2 - 240}}{2} = \dfrac{17 \pm 7}{2}$$

이므로 $a^2 = 12$ 또는 5이다.

$a > 0$을 가정하였으므로 $a = 2\sqrt{3}$ 또는 $\sqrt{5}$이다.
각각의 경우 점 C의 좌표는 $(4,\ 2\sqrt{3})$, $(4,\ \sqrt{5})$이고
$|\overrightarrow{AC}|$의 값은 $2\sqrt{7}$, $\sqrt{21}$이다.
따라서 $M = 2\sqrt{7}$, $m = \sqrt{21}$이므로
$M^2 + m^2 = 28 + 21 = 49$이다.

답 49

30 해설

점 A, B, C를 포함하는 평면을 α라고 하자.
점 D에서 평면 α에 내린 수선의 발을 H이라고 하자.

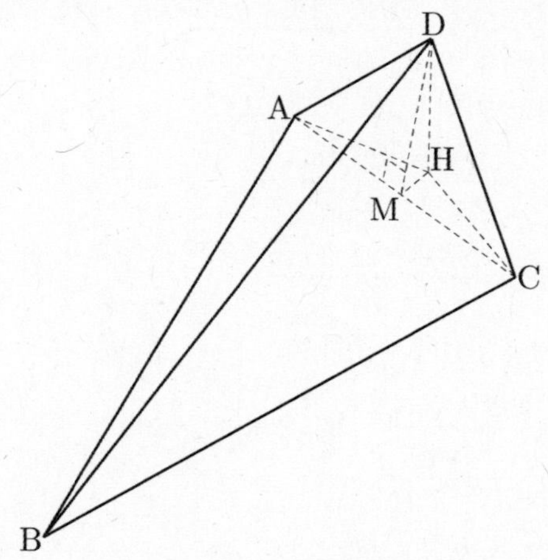

$\overline{AC}$의 중점을 M이라고 하면 삼각형 ADC는 $\overline{AD} = \overline{CD}$인
이등변삼각형이므로 $\overline{AM} \perp \overline{DM}$이다. $\overline{DH} \perp \alpha$이므로
$\overline{HM} \perp \overline{AC}$이다. 따라서 $\overline{HM}$은 $\overline{AC}$를 수직이등분한다.
그러므로 $\overline{AH} = \overline{CH}$이다. 평면 α 위에서

$$\overline{AH} = \overline{HC}, \quad \overline{BH}(공통), \quad \overline{AB} = \overline{BC}$$

이므로 $\triangle ABH \equiv \triangle CBH$이다. 따라서
$\angle HCB = \angle HAB$이다. 또한 $\overline{BM}$도 $\overline{AC}$를 수직
이등분하므로 점 B, M, H는 한 직선 위에 있다.

$\overline{DH}\perp\alpha$이며 $\overline{AD}\perp\overline{AB}$이므로 삼수선의 정리에 의하여
$\overline{AH}\perp\overline{AB}$이다. 따라서

$$\angle HCB = \angle HAB = \frac{\pi}{2}$$

이다.

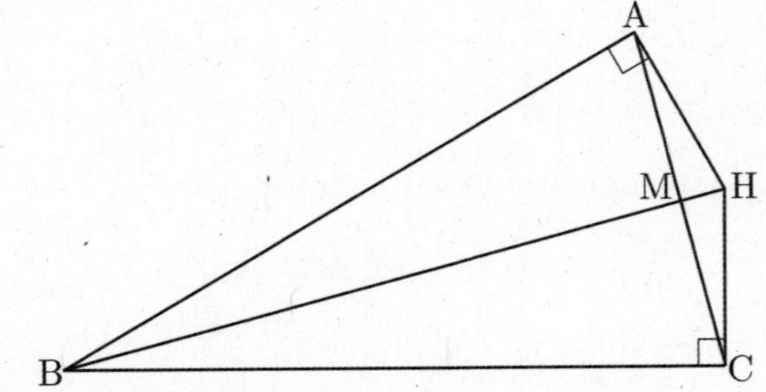

코사인정리에 의하여

$$\cos(\angle ABC)=\frac{\overline{AB}^2+\overline{BC}^2-\overline{AC}^2}{2\times\overline{AB}\times\overline{BC}}$$

$$\cos\frac{\pi}{6}=\frac{36+36-\overline{AC}^2}{2\times6\times6}$$

$$\frac{\sqrt{3}}{2}=\frac{72-\overline{AC}^2}{72}$$

$$\overline{AC}^2=72-36\sqrt{3}$$

사각형 ABCH에서

$$\angle AHC=2\pi-\angle HAB-\angle HCB-\angle ABC$$

$$\angle AHC=2\pi-\frac{\pi}{2}-\frac{\pi}{2}-\frac{\pi}{6}$$

$$\angle AHC=\frac{5}{6}\pi$$

따라서 코사인법칙에 의하여

$$\cos(\angle AHC)=\frac{\overline{AH}^2+\overline{HC}^2-\overline{AC}^2}{2\times\overline{AH}\times\overline{HC}}$$

$\overline{AH}=x$라고 하면 $\overline{AH}=\overline{HC}$이므로

$$\cos\frac{5}{6}\pi=\frac{2x^2-(72-36\sqrt{3})}{2x^2}$$

$$-\frac{\sqrt{3}}{2}=\frac{2x^2-(72-36\sqrt{3})}{2x^2}$$

$$72-36\sqrt{3}=(2+\sqrt{3})x^2$$

$$x^2=\frac{36(2-\sqrt{3})}{2+\sqrt{3}}=36(2-\sqrt{3})^2=36(7-4\sqrt{3})$$

이다. 따라서

$$\overline{AH}^2=36(7-4\sqrt{3})$$

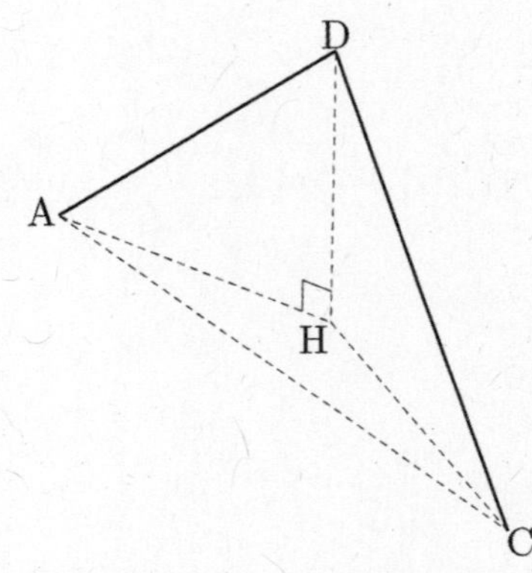

$\overline{DH}\perp\alpha$이므로 $\overline{DH}\perp\overline{AH}$이다. 따라서 삼각형 ADH는
직각삼각형이다.

$$\overline{DH}^2=\overline{AD}^2-\overline{AH}^2=72-36\sqrt{3}-36(7-4\sqrt{3})$$
$$=108\sqrt{3}-180$$

점 D와 평면 α와의 거리 h는 $\overline{DH}$이며

$$\therefore\ h^2=\overline{DH}^2=108\sqrt{3}-180$$

$$\therefore\quad a+b=108+180=288$$

 288